2分钟微生物

张伶俐　林建群　编著

山东科学技术出版社
·济南·

图书在版编目（CIP）数据

2 分钟微生物 / 张伶俐，林建群编著 . -- 济南：山东科学技术出版社，2024.4
ISBN 978-7-5723-2004-0

Ⅰ . ① 2… Ⅱ . ①张… ②林… Ⅲ . ①微生物—问题解答 Ⅳ . ① Q939-44

中国国家版本馆 CIP 数据核字 (2024) 第 059653 号

2 分钟微生物

2 FENZHONG WEISHENGWU

责任编辑：陈 昕 徐丽叶 庞 婕

主管单位：山东出版传媒股份有限公司
出 版 者：山东科学技术出版社
地址：济南市市中区舜耕路 517 号
邮编：250003 电话：（0531）82098088
网址：www.lkj.com.cn
电子邮件：sdkj@sdcbcm.com
发 行 者：山东科学技术出版社
地址：济南市市中区舜耕路 517 号
邮编：250003 电话：（0531）82098067
印 刷 者：山东彩峰印刷股份有限公司
地址：山东省潍坊市潍城经济开发区玉清西街 7887 号
邮编：261031 电话：（0536）8311811

规格： 16 开（170 mm × 240 mm）
印张： 11.25 **字数：** 120 千
版次： 2024 年 4 月第 1 版 **印次：** 2024 年 4 月第 1 次印刷
定价： 39.00 元

编委会

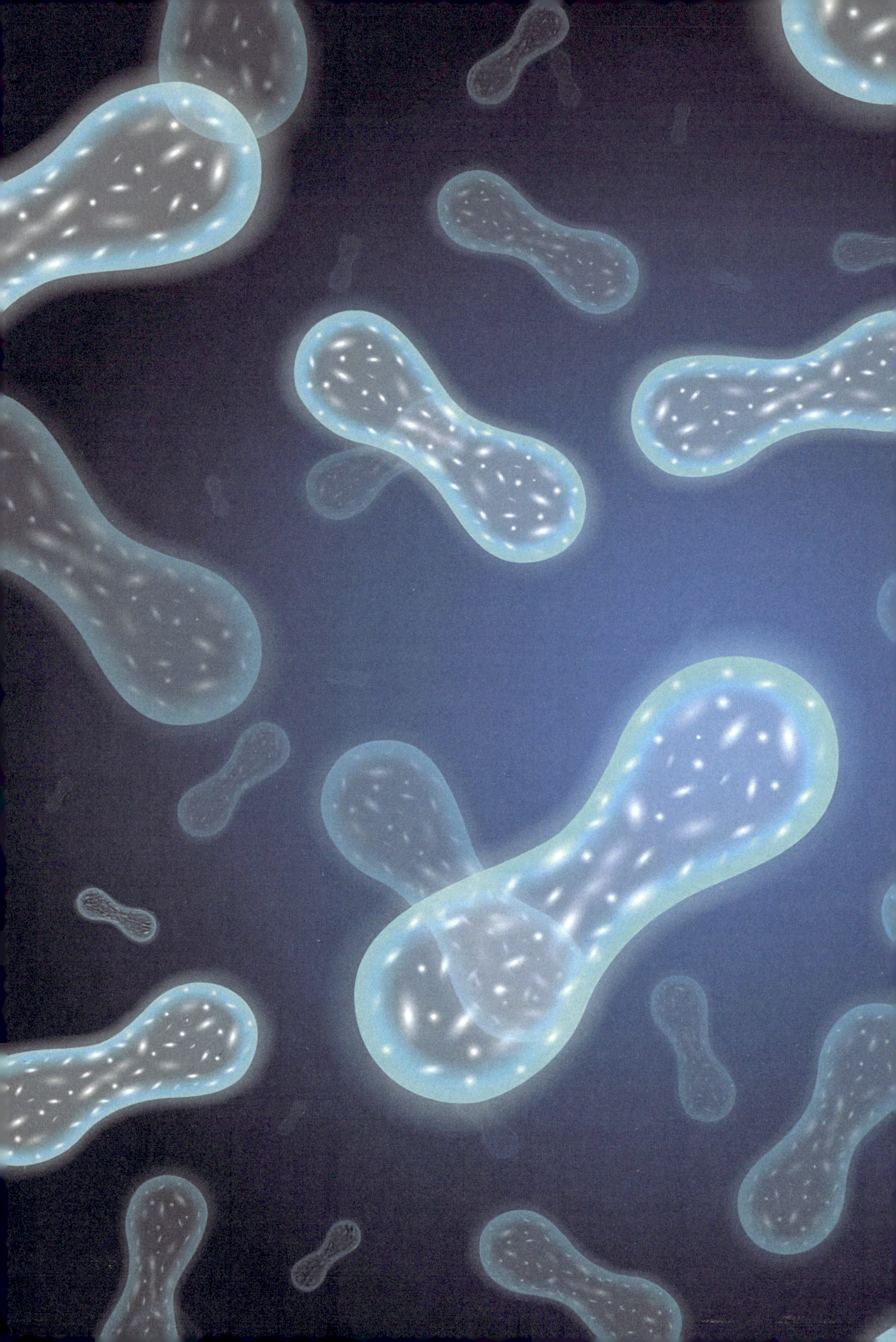

前言

微生物包括无细胞结构且不能独立存活的病毒，具有原核细胞结构的细菌、古菌及具有真核细胞结构的真菌（如酵母、霉菌、大型真菌）等。

微生物在自然环境中无处不在，陆地（主要为土壤）、水（如湖泊、池塘、溪流、河流、港湾、海洋）、大气，甚至一些极端环境（如热泉、冷泉、酸热泉、盐湖、深海）中都分布着数量巨大的微生物。

微生物与人体健康息息相关。天花、黑死病、霍乱、结核病等几次大规模疫情中，都能发现微生物的身影。微生物与工农业紧密相连。从科技考古到冶金腐熟，从衣食住行到柴米油盐，微生物为我们奉献了丰富多彩的技术和产品。但有时，微生物也会成为讨厌的“麻烦制造者”。认识微生物，了解微生物知识，利用先进技术创造性地改造微生物并为我所用，就变得至关重要。

山东大学微生物技术国家重点实验室坚持以科技创新为己任，致力于微生物基础研究和应用研究，同时，注重利用自身技术、人才和资源优势，创造性地开展科普工作，成立了“生命·新知科普联盟”，组建了科普宣讲团，打造“启梦微来”科普品牌，成为首批全国科学家精神教育基地，获批山东省科普教育基地、青岛市科普教育基地，获评“山东省科普专家工作室”。2022 年有两个科普项目入选“山东省科普示范工程项目”。2023 年出版两部科普图书，获评“山东省优秀科普作品”，获得第六届山东省科普创作大赛二等奖。此外，科普工作多次获得中国科学技术协会、全国科普工作联席会议办公室、山东省科学技术协会等单位表彰。

“微”世界很大，“怪”问题很多。本书汇集了山东大学微生物技术国家重点实验室“大咖”们的集体智慧，凝结了实验室数十年科研和科普实践经验，用深入浅出的语言解答微生物问题，用日常之物揭开微生物学奥秘，带领读者探奇微世界，领略微生物的魅力。

编 者

2024 年 2 月

目录

第一章

赋能科技：
小小身躯，大大作为

从考古到冶金，从酸奶到美酒……微生物带给我们的惊喜不止一点点。现代科技考古与微生物学相结合，为这两个看似不相关的研究领域提供了全新的视角。分析古代物种的遗传材料和相关微生物群落，不仅有助于我们理解古生态系统的多样性和复杂性，还可以帮助我们寻找和重构那些可能在现代已经消失或罕见的生物合成途径，为药物开发、生物技术和环境修复等领域带来新的机遇。

第1节 科技考古：藏在文物保护中的微生物学

如今，科技的迅猛发展为考古学插上了腾飞的“翅膀”。科技的不断进步为考古工作提供了强大的助力，得益于考古技术及相关设备仪器的持续发展，长期被尘封在地下、经历了数百年甚至数千年沧桑的珍贵文物，如今得以重见天日，为我们揭开历史的神秘面纱。

我国有哪些有名的考古发现？

我国的科学家们发现了众多举世瞩目的历史遗址，例如四川省的三星堆遗址，其历史可追溯至3000年前至5000年前，是迄今在西南地区发现的范围最大、延续时间最长、文化内涵最丰富的古城、古国、古蜀文化遗址，被称为20世纪人类最伟大的考古发现之一。再举个例子，在湖北省随州市擂鼓墩发现的战国曾侯乙墓，出土了1万多件青铜器，同样令世界震惊。

三星堆出土的青铜面具

什么是科技考古？

科技考古就像一个装满了各种前沿技术的工具箱，涵盖了计算机的模拟重建、生物学的基因解析、物理学的光谱检测、化学的物质分析、地学的地层研究等多个领域。特别是生物学与考古学的结合，为文物的研究与保护提供了新的视角。

战国曾侯乙墓出土的二十八宿图衣箱

战国曾侯乙墓出土的编钟

具体有哪些突破？

从最初直接对动物和植物标本进行分析，到如今分子生物学、微生物学等在考古学中的应用，如残留物分析、古人类 DNA 分析、宏基因组分析等，生物学与考古学结合已经成了当今国际科技考古发展的一个显著趋势。这些先进的技术和方法为考古学研究提供了更深入、更全面的视角，使得我们能够更好地了解古代文明和人类历史。通过这些技术的应用，考古学家们可以揭示更多关于古代社会、环境和人类活动的信息，为我们解开历史之谜提供重要的线索和证据。

微生物学与考古学的交叉研究集中在哪些方面？

文物通常极具价值，但也十分脆弱。生物降解作用是导致文物劣化和损坏的主要原因之一，尤其是由微生物引起的病害最为普遍。为了更好地研究

考古发掘现场

文物劣化和腐败的原因，越来越多的考古学研究与微生物学相结合，探究微生物的生物降解作用对文物的影响，包括微生物的生态、生理生化等研究，可以为文物的保护和修复提供参考和借鉴，保护珍贵文物不受生物降解影响，延长其保存时间，从而让后人能够更好地了解历史文化遗产。

目前，微生物学与考古学的交叉研究主要关注两个方面：一是对微生物多样性及其次级代谢产物进行研究，以了解微生物病害对文物的生物降解及劣化损害，从而更好地开展文物保护工作；二是通过对历史遗迹进行微生物生态学及生理生化分析，推测某一年代人类的文化及生活习惯。

微生物如何对文物产生影响？

古代岩画、壁画和历史建筑是人类文明历史进程的重要记录，承载着卓越的历史价值、艺术价值和科学价值，是世界文化遗产不可或缺的精彩组成部分。然而，它们往往会遭受各种微生物的侵害。这些微生物以一种独特的方式在石头表面形成生物被膜，通过协同作用，不同的微生物通过互惠关系从空气中富集营养物质，以应对干燥、太阳辐射、气候变化等不利条件。石质文物上生物被膜的形成是一个高度复杂的过程，主要取决于石质文物的状态和年代、生物敏感性或生物接受性（易被生物侵害的程度），以及考古遗址周围的环境条件。这类文物的损坏通常与生物被膜有关，包括变色、结壳带来的物理、化学和机械变化，如生物酸的腐蚀、阳离子的络合和释放、二次矿化和（再）结晶、**应力**增加和分层等，这些现象统称为“生物劣化”。

生物病害带来的影响严重吗?

随着科技考古不断取得进展，生物病害问题逐渐引起关注。法国拉斯科洞穴岩画就是一个典型的例子，它反映了旧石器时代人类文明，对于现代人探究远古人类生活和艺术创造活动具有极高的价值。然而，由于后续的人为活动，洞穴内部壁画受到了藻类、细菌及真菌的破坏。另一个例子是西班牙阿尔塔米拉洞穴岩画，它保存完好，并反映了欧洲旧石器时代晚期社会状况，但由于长期对外开放，目前也正遭受着微生物的侵袭。敦煌石窟壁画、嘉峪关魏晋墓壁画及我国东北地区公元 5 世纪的墓葬壁画等，是我国古代文明的象征，体现了古代人极高的艺术造诣，但由于一些人为等外界因素的影响，藻类、细菌及真菌等微生物大量繁殖，导致这些壁画遭受严重损害。

壁画为什么受微生物影响如此严重?

壁画通常采用动物胶或者植物胶等有机物为胶结材料，而这些有机物却为微生物提供了所需的各种营养物质，导致微生物大量繁殖并形成色彩不一的菌落，严重影响了壁画的美观。一些具有联合固氮作用的细菌，可将空气中的氮气转化为亚硝酸或者硝酸，从而对壁画中的石质材料造成腐蚀。此外，存在于岩石土壤中的细菌也可能破坏石质文物的岩石结构，导致壁画表面颜料的脱落。

也就是说，是细菌造成的影响比较大？

上述洞穴和墓葬壁画中的微生物以细菌为主，但事实上真菌病害可能会对壁画造成更严重的损坏。这是因为，真菌产生的菌斑不仅污染壁画，严重影响壁画艺术价值，而且发达的菌丝会伸入壁画内部，造成颜料和**地仗**脱落，同时，真菌分泌的有机酸或者黏性代谢物会腐蚀壁画并在其表面形成结晶体。

藻类也是造成岩画和壁画损坏的另一个重要原因，例如拉斯科洞穴第一次生物病害主要就是由微细绿藻繁殖引起的，微细绿藻在岩画表面形成了绿色生物被膜，迫使该洞穴于 1963 年关闭。藻类呼吸产生的 CO_2 气体溶解在水中形成碳酸，碳酸的化学酸蚀作用会导致石材腐蚀；藻类还可能与其他真菌形成共生关系，藻类利用真菌提供的无机质生长，真菌利用藻类提供的有机物质大量繁殖，进而造成壁画的脱落和损坏。不过，生物被膜就像硬币的两面，在一些情况下也具有生物保护作用。

敦煌莫高窟壁画

什么情况下会产生生物保护作用?

这包括由生物矿化形成的表面覆盖物或石基质中盐的沉淀/结晶所提供的物理保护。例如，生物被膜可以在调节温度和湿度方面发挥积极作用，减轻石头的膨胀和收缩，或通过屏蔽作用使文物表面免受雨水和风沙的直接影响。此外，真菌或地衣诱导的次生矿物沉淀物（如碳酸盐和草酸盐）可以作为石碑的固结剂和保护涂层。

具体是如何保护的?

以柬埔寨的吴哥窟为例，光养微生物是该古迹中最常见的生物，形成大量颜色各异并且非常活跃的生物被膜，这主要是当地热带气候和全年充足的阳光造成的。其他类群如化能有机营养体（如**氨氧化细菌**、**古菌**、**全程硝化菌**），可以将 CO_2 转化为有机碳，支持生物被膜中的其他有机营养体（即大多数细菌和真菌）生长。显然，CO_2 在生物被膜中转化为有机物对石材的破坏较小，因为生物被膜外表层具有物理保护作用，通过减少**热应力**和风雨的影响，更能起到生物保护作用。尽管光养微生物的生物被膜会使石碑变色，但它们能减少水分的进入来保护石碑。

如何确定生物被膜在石碑上的相对作用是生物劣化还是生物保护呢？

研究者会综合运用现代多组学技术，如转录组学和代谢物组学技术，以及传统化学分析方法，如稳定同位素探测，进行综合评估。通过这些手段，能够鉴定微生物代谢或特定生化反应，分析微生物群落的构成，从而确认生物被膜中的参与者和主要活性。然而，不同石质文物的化学成分各不相同，因此需要对其破坏过程进行差异评估。生物被膜在石质文物上的矛盾作用，主要取决于周围环境。在热带和潮湿地区的砂岩古迹，如柬埔寨的吴哥窟，生物被膜定植就非常活跃，它们可以将二氧化碳转化为有机物，表现出一定程度的生物保护作用。而暴露在寒冷和干旱气候下的砂岩古迹，如中国西部古丝绸之路上的北石窟寺，由于岩石表面同时存在生物被膜和盐晶体，因此风化作用更为剧烈，而次生矿物质会促进细菌和古菌的生长，进一步加速生物劣化。因此，将当地环境和气候条件与生物被膜的生态模式相结合，可以对生物劣化和生物保护作用进行更为准确的评估。

吴哥窟

科学家是如何通过对微生物的分析来推测古代人们的生活状态的？

考古学与微生物学的交叉研究不仅能为文物的保护和修复提供科学依据，还能够揭示古代人类的生活方式和文化特征。例如，在土耳其弗里吉亚国王米达斯的坟墓内，科学家运用氮同位素测试来推断国王生前的饮食。通过分析棺椁内发现的软腐真菌，他们推断出真菌消耗了含有丰富氮元素的物质，这些物质很可能来源于国王生前食用的肉类食物。这一发现不仅揭示了国王的饮食结构，还表明其饮食可能加速了木棺的腐蚀过程。

还有一个与古人类结核病相关的研究更为有趣。结核分枝杆菌是引起结核病的病原体，该菌可侵犯全身各个器官，以肺部最多见。肺结核在西方曾被称为“死亡之首”，在中国更有“十痨九死”的说法。直到近代抗生素、卡介苗的相继问世，肺结核才终于不再与死亡同名。人们发现，旧石器时代，海德堡人的第四、第五胸椎有典型的结核性病变，这表明7000年以前已经有结核病。从古代埃及墓葬中的木乃伊脊椎上，研究人员同样发现了结核性病变的痕迹，努比亚的木乃伊有5例脊椎结核，公元前2500年的第五王朝木乃伊则有骨关节结核。我国的马王堆一号汉墓出土的2100年前的女尸，左肺存在结核钙化灶。

如何准确地追溯结核分枝杆菌这一病原菌的存在呢？

此前一项研究曾对来自埃及底比斯西部不同墓葬群（最早约公元前

2050年）的85具古埃及木乃伊的骨和软组织样本进行了分析，研究者们成功应用微生物学方法从4000年前的古埃及墓中检测到了结核分枝杆菌的DNA复合物。此外，这项研究对人型结核分枝杆菌的起源提出了不同的假设，挑战了之前流行的理论。传统观点认为人型结核分枝杆菌起源于牛型结核分枝杆菌，但新的研究结果表明可能起源于非洲型结核分枝杆菌。该假设对于理解结核病的进化模型具有重要的意义，有助于我们更深入地探讨这一长期以来困扰人类的疾病的起源和传播路径。

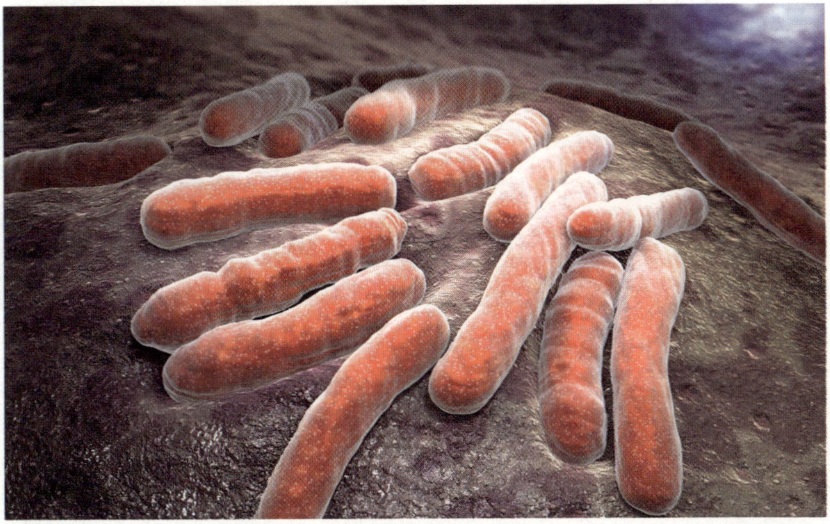

结核分枝杆菌

除了上述两点，考古学与微生物学的交叉研究还会为我们带来哪些可能？

随着科技的不断进步，科学家们正通过考古学和微生物学的结合研究，深入挖掘新的科学领域。2023 年的一项前沿研究就是一个很好的例证，随着提取和分析古代 DNA 技术的进步，我们对生活在远古时期的人类祖先和古人类近亲周围和体内的微生物有了更多的了解。研究者对距今 10.2 万~4.0 万年的尼安德特人牙齿上的古 DNA 进行了宏基因组学分析，这一时间跨度正是尼安德特人和早期现代人可能共存的时期。在这项研究中，科学家们发现了一种在现代人类口腔菌群中较为罕见的细菌。他们使用 antiSMASH 软件对该细菌基因组中的次级代谢产物基因簇进行了预测分析，发现其中的天然产物生物合成基因簇是独特的，并成功识别出了一个**呋喃**生物合成基因簇。通过基因簇的异源表达和后续的化学分离，科学家们得到了两种新结构类型的化合物。

这种恢复古代微生物天然产物的方法，不仅能够让我们了解早期人类的营养和健康状况，以及随着时间的推移而消失的潜在生物活性化合物，同时也揭示了像尼安德特人这种古老人种可能拥有的独特微生物群落结构。这一研究为发现未知的或可能已灭绝的古代微生物开辟了一条新的途径，以研究气候变化或（滥用）抗生素等导致的微生物多样性的丧失。

此外，尽管小分子化合物在考古样品中不可能长时间存在，因为它们会随着时间推移而降解或发生变化，然而，随着古基因组学的发展，通过从古代宏基因组中重新构建生物合成途径，我们能够获取古代微生物天然产物的多样性结构和功能信息，这为未知天然产物的挖掘及新药物的开发提供了新的可能。

第2节 酿酒师的手到底有多白，竟让我们发现了曲酸美白的秘密

人们无意中发现，酿酒师的手特别白，几经研究，发现了清酒发酵的副产品——曲酸，之后，曲酸被广泛用于各类美白化妆品。

我国古代，人们就有“一白遮百丑”的观念了吗？

自古以来，我国女性一直崇尚“肤如雪，凝如脂”的美白效果。史料中记载了古代人们的各种美白方式。

古代人们是如何美白的?

据史书记载，春秋时期人们就开始使用白粉敷面，形成了最原始的美白方式，当时用的粉主要是米粉。到了秦汉时期，出现了铅白粉，也就是碱式碳酸铅，因能使人容貌增辉生色，故又名铅华。铅白粉含有重金属，长期使用会有副作用，让皮肤发青、发黄，妙龄少女最后变成了黄脸婆。隋唐时期，人们对于美白的需求进一步增大，已经不仅局限于表面敷粉，中医药美白及相应配方的研究有了进一步发展，著名医药学家孙思邈的《千金要方》和王焘的《外台秘要》都有关于美白化妆品配方的篇章。如孙思邈的《备急千金要方·卷六下》面药第九说：“治人面黑，肤色粗陋，皮厚状丑方。杏仁（末之）、鸡子白。上二味相合，夜涂面，明旦以米泔洗之。”明清时期，美白类化妆品有了进一步的发展，慈禧使用“八白散”敷面，把白丁香、白僵蚕、白牵牛、白蒺藜、白及、白芷、白附子、白茯苓用蛋清调好涂在脸上，据说有淡斑、美白、祛痘的功效。

美白化妆品经历了哪些发展阶段?

社会生产力及科学技术不断发展，美白化妆品也经历了不同的发展阶段，从最原始的物理遮盖，到简单的腐蚀剥落表皮细胞，再到抑制黑色素生成的深层次美白，最终目的是让肌肤达到由内而外健康美白的效果。新中国成立以后，我国的化妆品工业形成了独立体系，美白方法逐渐与世界接轨。

抑制黑色素生成的美白类化妆品，具体是什么原理？

随着皮肤生理学的发展，人们逐渐发现了黑色素的生成原理：黑色素是由黑色素细胞产生的，在黑色素细胞内，酪氨酸在酪氨酸酶的作用下生成多巴和多巴醌，多巴醌再经过一系列反应生成黑色素。在化妆品里添加抑制酪氨酸酶合成的成分，可以抑制黑色素生成、转移及代谢达到美白效果。

具体有哪些成分可以抑制酪氨酸酶的合成呢？

比如氢醌，氢醌曾经是市面上的主流美白化妆品成分，它与酪氨酸酶的作用底物酪氨酸结构类似，不仅可以作为酪氨酸酶底物的替代物，还可以抑制酪氨酸酶的合成。但氢醌在一定浓度下可致黑色素细胞变性、死亡，对肌肤刺激性强，可造成刺激性或接触性皮炎，若用量不当，会使皮肤过度脱色，导致局部反白的现象。

这个缺陷依然没影响它成为主流的化妆品成分？

是的，直到 2013 年，日本一个化妆品品牌发生了动摇整个行业的“杜鹃醇白斑”事件，消费者使用了含氢醌的美白产品后脸部出现了白斑，这是在氢醌的长期毒害下黑色素细胞死亡造成的。

那之后人们用什么成分代替它？

后来，日本学者 **Akiu** 等从熊果叶中提取分离得到一种有美白功能的物质——熊果苷，结构比氢醌多了一个葡萄糖分子，是一种葡萄糖基化的氢醌衍生物，作用机制与氢醌类似，能够有效抑制酪氨酸酶活性和黑色素生成，不但可以清除色斑，还有一定的杀菌、消炎作用，对黑色素细胞的毒性也明显降低，因此熊果苷成为继氢醌之后美白界的又一宠儿。但是近年来，熊果苷引起过敏的报道也时有出现，体内外实验均表明它具有一定的细胞毒性，高浓度下也会出现与氢醌类似的不良反应。

很多美白产品的成分里含有曲酸，它和酒精发酵过程中产生的曲酸是一回事儿吗？

是的。曲酸美白作用的发现非常偶然。日本人发现酿酒师的手部皮肤大多非常白皙，认为这绝非巧合，便仔细研究。后来发现，白皙的奥秘就来自清酒及米酒在发酵过程中产生的副产品——曲酸。我们日常食用的酱油、豆瓣酱等食物中也含有该成分。后来，曲酸被广泛配入各种化妆品中，能有效缓解雀斑、老年斑、色素沉着和粉刺，深受消费者特别是有斑女性的青睐。

曲酸会产生不良反应吗？

曲酸的美白机理与氢醌有所不同，它是通过螯合酪氨酸酶中的铜离子使酪氨酸酶失去活性来达到美白效果的。但是它具有不稳定性、刺激性和致敏性，在某些国家和地区被禁用，而在能够使用的地区，添加浓度也受到了严格的限制。后来人们开发了曲酸衍生物来克服以上缺点，曲酸的修饰方式主要有酯化和烷基化。曲酸二棕榈酸盐是一种常见的曲酸衍生物，具有性质稳定、刺激性低等特点。曲酸衍生物的美白作用机理与曲酸相同，但美白效果更好。

我们知道维生素 C 具有美白功效，它的美白效果到底怎么样？

与抑制酪氨酸酶活性的美白化合物不同，维生素 C 能够将多巴醌还原为多巴，从而抑制黑色素的生成。同时，维生素 C 具有较好的还原性和清除自由基的能力，因此在抗氧化、抗衰老方面也具有很好的功效。但是维生素 C 非常不稳定，在空气中能够很快氧化成脱氢抗坏血酸，暴露于热、光及重金属下也会快速降解，这就大大限制了维生素 C 在化妆品中的使用。后来人们开发出了一系列维生素 C 的衍生物来弥补这方面的缺陷。常见的衍生物有维生素 C 脂肪酸酯、维生素 C 磷酸酯盐、维生素 C 棕榈酸酯等。其中，维生素 C 棕榈酸酯是应用最广泛的衍生物，它是油溶性的，具有更加稳定、高效的美白特点。除了维生素 C，B 族维生素中的烟酰胺也是比较有名的美白成分。

烟酰胺的美白效果如何？

它的美白作用机制主要包括抑制黑色素的生成、抑制黑色素在角质细胞层的转运、加速角质层中黑色素的脱落等。但有研究发现，烟酰胺的浓度一旦超过 4%，就可能使约 20% 的人产生不耐受反应，例如皮肤出现刺痛、红、痒、水肿等症状，而临床发现，烟酰胺的浓度超过 3% 才能有较为明显的美白效果。因此，敏感肌及皮肤屏障功能差的人应慎用含有烟酰胺的产品。

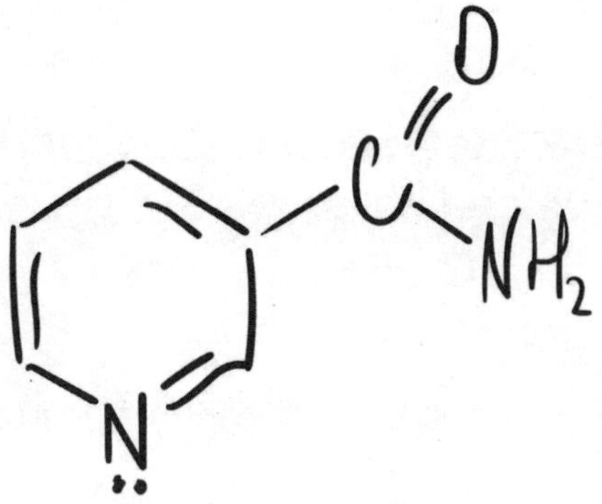

烟酰胺（nicotinamide）

现在很多美白产品以“绿色天然”为卖点，成分多来自植物提取物，这些成分真的安全吗？

的确，随着科学的发展及消费者对绿色天然的追求，来自特色植物资源的美白成分成为美白行业研究的热点及关注的焦点。较为常见的有白藜芦醇及其衍生物、三白草提取物、山茶花提取物、甘草提取物、红景天提取物、黄芩提取物、茶叶提取物等，这些植物提取物通常是通过抑制酪氨酸酶的活性来达到美白的效果。值得注意的是，植物提取物并非绝对安全，它的质量跟产地、光照、气候、提取工艺等因素密切相关，因此一定要选用符合行业规范的产品。同时，个别产品为了宣传而炒作植物提取物的概念，在挑选产品时也需要予以甄别。

总体来说，尽管带有各种高科技标签的美白成分层出不穷，美白化妆品始终给人治标不治本的感觉，是这样吗？

目前流行的美白化妆品主要是通过抑制黑色素的生成、转移等来达到美白效果的，与之前的美白方法相比，现在已经能够从深层次解决皮肤的美白问题。但是，这仍然属于外部干扰，长期的这种干扰、抑制对机体本身也存在很多不利的影响。美白产品未来的发展空间仍很大，如果能够通过提高细胞的活力，唤醒肌肤自身的修复功能，自动清除由紫外线及辐射等外部因素造成的各种色斑，就能真正达到由内而外健康美白的效果。

皮肤美白是一项长期的综合治理工程，美白的同时安全性始终是第一位的，千万不要盲目相信网络传言及广告，尤其要远离“见效奇快”的美白产品。

富含白藜芦醇的食物

第3节 再遇到喝酒的人，考考他这些问题

自古人们借酒载悲欢，叙情仇。悲观者“百年愁里过，万感醉中来”，豁达者“人生得意须尽欢，莫使金樽空对月”；遇良友“酒逢知己千杯少”，别故人“悲欢聚散一杯酒，南北东西万里程”。

酒这种饮料从何而来？

在当今社会，酒已成为嗜好性消费品，是社交场合的重要角色，各地甚至还衍生出不同的酒文化。酒的起源有各种传说，比如储藏的野果逐渐腐烂发酵、剩饭存于洞中被发现传出芳香气味等，之后慢慢衍生出人工酿酒。酿酒的原料也多种多样，各种谷物、水果、蜂蜜等都可以作为酿酒原料，产生不同色香味的发酵饮品。虽然原料各不相同，但这些发酵饮品都被称为酒，原因是它们都含有较高浓度的酒精，学名乙醇。

这些原料是如何变成酒精的呢?

酵母这种微生物，通过调动细胞中的多种酶类，将这些原料中的糖类逐步分解，生成了酒精和二氧化碳，这个过程被称为发酵。糖类是多羟基的醛类或酮类化合物，由碳（C）、氢（H）、氧（O）元素组成，在化学式的表现上类似于“碳”与“水”聚合，故又称之为碳水化合物。例如，葡萄糖的化学分子式是 $C_6H_{12}O_6$，水的化学分子式是 H_2O，葡萄糖正好是 6 组 CH_2O。酵母可以发酵的糖主要就是葡萄糖这样的六碳糖，也叫己糖，或者两三个己糖单位组成的分子更大一些的糖。六碳糖被酵母吸收后，被逐步拆成两个三碳化合物，每个三碳化合物再被逐步分解成二碳化合物酒精（C_2H_5OH）和一碳化合物二氧化碳（CO_2）。

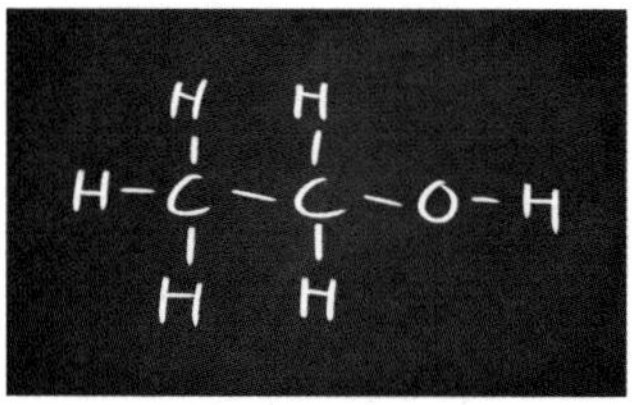

乙醇化学结构

水果、蜂蜜都是甜的，糖分自然不少，但谷物里的糖在哪里?

谷物最主要的成分是淀粉。淀粉正是一个个葡萄糖分子由一种叫作糖苷键的化学键连接起来的大分子。有的谷物酿酒工艺利用谷物发芽时自身产生的糖化酶使淀粉变成葡萄糖或者两三个葡萄糖串起来的糖，这个过程被称为糖化。啤酒、威士忌等利用麦芽中的酶，现代工艺也有额外添加淀粉酶的；我国的白酒则是在蒸煮过的谷物中加入酒曲，酒曲中的曲霉、根霉、毛霉等霉菌分泌淀粉酶，淀粉酶将淀粉变成酵母可发酵的糖。总之，酿酒是一项系统工程，微生物在原料的糖化和糖分的发酵中发挥着关键作用。

酒的味道受哪些因素影响？

很多因素都会影响酒的风味，最主要的因素包括原料、发酵微生物、生产工艺等。参与酿造的不仅仅是产酒精的酵母，各酒窖中还有自己特有的其他微生物种群。酒中的呈香物质也并不是酒精，而是各种酯、酸、高级醇、芳香类物质等。有些香味物质是原料本身具有的，有些香味物质是在微生物发酵过程中产生的，还有些香味物质是在后期处理中产生的。例如，葡萄酒的品质和特点主要取决于原料，即葡萄的品种和产地；啤酒中有来自啤酒花这种特有原料的苦甜味；白酒、威士忌等被称为蒸馏酒，因为它们在发酵结束后需要进行蒸馏，香味物质在蒸馏时随着酒精一起蒸出，使白酒呈现出复杂而有层次感的香味。

清香型白酒主体香来自乙酸乙酯，酵母在发酵过程中既能生成乙醇，又能生成乙酸，乙酸乙酯正是由乙酸和乙醇进行酯化反应生成的。浓香型白酒主体香来自己酸乙酯，己酸乙酯是己酸和乙醇进行酯化反应生成的，其中乙醇由酵母发酵生成，而己酸则来自己酸菌。威士忌蒸馏后的酒液需要在橡木桶中储存，这个过程中，酒液又溶解了橡木中特殊的香味物质，产生了额外的风味。

人喝了酒为什么会醉？

进入人体的酒精只有不到10%可通过呼吸和尿液排出，其余的需要在肝脏内分解。在肝脏中，酒精（乙醇）先在乙醇脱氢酶的作用下氧化为乙醛。乙醛是一种毒性物质，可引起脸潮红、心悸及血压下降等中毒症状。乙醛在乙醛脱氢酶的作用下进一步氧化为乙酸。乙酸是醋的主要成分，会进一步被分解为二氧化碳和水，再被排出体外。如今，饮酒常常作为一种辅助社交、烘托气氛的方式，这是因为酒精对大脑功能形成抑制，在浅酌的情况下，饮酒者情绪控制能力下降，表现出情绪高涨、健谈等促进情感交流的特征。但是，若饮酒过快，超过人体代谢能力，或者摄入量过高，体内酒精浓度过高，饮酒者的自我控制能力则进一步下降，往往呈现步态不稳、思维混乱甚至昏迷的情况。长期过量饮酒往往引起多器官损伤，最常见的有肝硬化、高血压、心力衰竭、大脑功能减退等。因此，切莫贪杯哟！

第4节 百岁老人日常饮食里的“长寿密码”

有这么一类微生物，它们活着被人体摄入，可以给人体带来益处，如调理肠道健康、促进消化、改善便秘、提高免疫力等，人们称它们为益生菌。让益生菌逐步走入大众视线的，就是备受人们喜爱、号称能使人长寿的饮品——酸奶。

酸奶是如何制成的?

现代酸奶是以新鲜牛乳为原料，经过标准化巴氏消毒和乳酸菌发酵后形成的一种发酵乳制品。酸奶不仅保留了鲜牛乳的营养，还含有乳酸菌发酵后产生的多种有效代谢产物，因此味道酸甜可口、口感丝滑细腻、营养丰富。

据说牧民制作手工酸奶时，会将戒指在奶中晃一下，这是为什么？

在内蒙古，牧民把喝剩的鲜奶倒入陶罐中制成手工酸奶，以便保存。有的牧民阿妈还会在封罐前将佩戴的戒指在奶中摆荡几次，经过一段时间的密封发酵，手工酸奶就制好了。陶罐和戒指上面附着着不同种类的菌，它们造就了每家每户独具特色的手工酸奶。家家户户不同味道和口感的酸奶，也是我国珍贵的乳酸菌菌种宝库。

制作酸奶主要使用什么菌？

制作酸奶的乳酸菌中，有两个配合使用的主要成员——嗜热链球菌和德氏乳杆菌保加利亚亚种（俗称保加利亚乳杆菌）。

嗜热链球菌分解牛乳中的乳糖产生乳酸，快速酸化原料达到凝乳的目的，同时产生胞外多糖，使牛乳变得更加细腻黏稠。

保加利亚乳杆菌除了产酸，还能充分分解牛乳中的酪蛋白，释放氨基酸和短肽，供自身和嗜热链球菌生长使用，还可以改善酸奶的风味。

长期的共同生活使嗜热链球菌和保加利亚乳杆菌形成了互利共生的关系。例如，嗜热链球菌的蛋白质水解能力较弱，可以借用保加利亚乳杆菌分解酪蛋白产生的短肽和氨基酸；嗜热链球菌产生的二氧化碳，可以促进保加利亚乳杆菌的生长；嗜热链球菌合成的对氨基苯甲酸，可以供保加利亚乳杆菌用于合成叶酸。这种共生关系让两种菌在牛乳中快速生长繁殖，大大提高了产酸速率和有效代谢产物的形成效率。

知识拓展：喝酸奶使人长寿？

俄国著名科学家梅契尼柯夫是1908年诺贝尔奖获得者。他发现，生活在保加利亚的百岁老人很多，而他们的共同点之一是每天都喝酸奶。于是，梅契尼柯夫把这些老人健康和长寿的原因归功于当地广泛食用的保加利亚酸奶中的微生物，并将这种酸奶中的微生物命名为保加利亚乳杆菌。虽然他提出的“喝酸奶长寿”的理论一直存在争议，但他的确发现了乳酸菌对肠道健康的有益作用。乳酸菌作为最经典的益生菌，以及保加利亚乳杆菌作为应用最广的酸奶发酵菌株，一直流传至今。

酸奶的品质和菌种的关系大吗?

酸奶的品质,在很大程度上取决于嗜热链球菌和保加利亚乳杆菌的好坏,因而有“好菌制好奶”的说法。为了获得适用于牛乳发酵的这两种菌株,国内外的乳品企业和科研院所从自然环境中分离获得了大量的备用菌株,再通过对生长、产酸和蛋白水解能力等方面的特性鉴定,选育并复配适合的嗜热链球菌和保加利亚乳杆菌菌种形成**发酵剂**(starter culture)。

除了嗜热链球菌和保加利亚乳杆菌这两种基础菌种,一些品类的酸奶还添加了双歧杆菌、乳酸乳球菌、干酪乳杆菌和植物乳杆菌等。这些非发酵剂菌种不仅可以改善酸奶的风味、口感,还能发挥益生作用,如促进消化、增强免疫力、缓解溃疡和肠道炎症等。

相比鲜奶,为什么酸奶不易腐败呢?

千百年来,游牧民族将鲜奶制作成酸奶,以延长乳品保质期。这是因为:

第一,乳酸菌分解牛乳中的乳糖产生大量乳酸,使牛乳的 pH 值下降,酪蛋白发生凝固,形成酸奶。在酸奶冷藏期间,乳酸菌继续产酸,最终酸奶的 pH 值为 4~5。在这样的酸性环境中,一些不耐酸的腐败菌无法生长,这成为酸奶不易腐败的重要原因。

第二,乳酸菌生长过程中将牛乳中的金属元素如锰离子吸收利用,导致一些霉菌因为缺少重要的金属元素而无法生长繁殖。

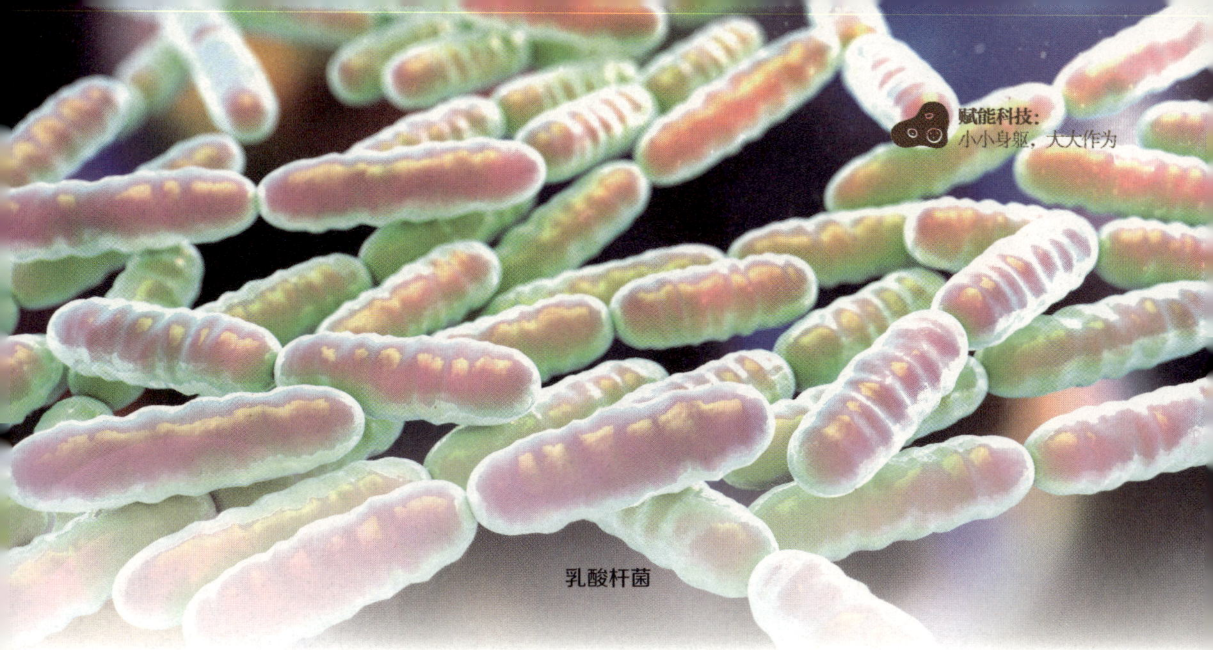

乳酸杆菌

第三，乳酸菌还能产生细菌素、过氧化氢等杀菌物质，进而有效地抑制其他微生物在牛奶中的生长，延长乳品的保质期。

乳糖不耐受的人可以喝酸奶吗？

牛乳中的乳糖是一种双糖，当人体摄入后，乳糖在小肠中经乳糖酶水解为葡萄糖和半乳糖，随后被小肠吸收利用。乳糖酶广泛存在于动物、植物和微生物中，但在人类尤其是亚洲人的肠道内，乳糖酶的活性随着年龄的增长迅速降低，食用乳糖会出现肠鸣、腹泻、胀气等乳糖不耐受的表现。乳糖不耐受的人一般不宜饮用普通牛奶。

乳酸菌含有乳糖酶，可以将 20%~30% 的乳糖发酵转化，而且，一些随着酸奶到达肠道的乳酸菌在小肠会继续消化乳糖。此外，对于乳酸菌发酵后残留的乳糖，还可以通过添加乳糖酶进一步分解，这让缺乏乳糖酶的人更容易接受发酵乳制品。在生产中，使用高乳糖酶活性的乳酸菌发酵牛乳或向牛乳中添加乳糖酶制成舒化奶，都是解决乳糖不耐受的有效途径。

喝酸奶为什么有利于睡眠？

有的人在睡前喝一杯牛奶或酸奶，可以改善睡眠质量。这与牛奶中的营养成分和乳酸菌的作用密不可分。牛奶中含有丰富的蛋白质和钙、镁等金属离子，有助于放松身体、稳定情绪、消除焦虑和压力。另外，酸奶中的乳酸菌进入肠道后，具有调节肠道菌群平衡的作用，能够促进消化吸收和新陈代谢，减少肠道毒素的产生，改善睡眠质量。更为重要的一点，一些乳酸菌中的谷氨酸脱羧酶可以将牛乳中的谷氨酸转化成 γ－氨基丁酸。γ－氨基丁酸是一种中枢神经系统抑制性神经递质，通过肠脑轴发挥稳定情绪、改善睡眠的作用。

经过乳酸菌的发酵，酸奶不仅易于保存，还产生多种维生素、脂肪酸，易于被人体吸收利用，是乳糖不耐受人群和失眠人群的更好选择。

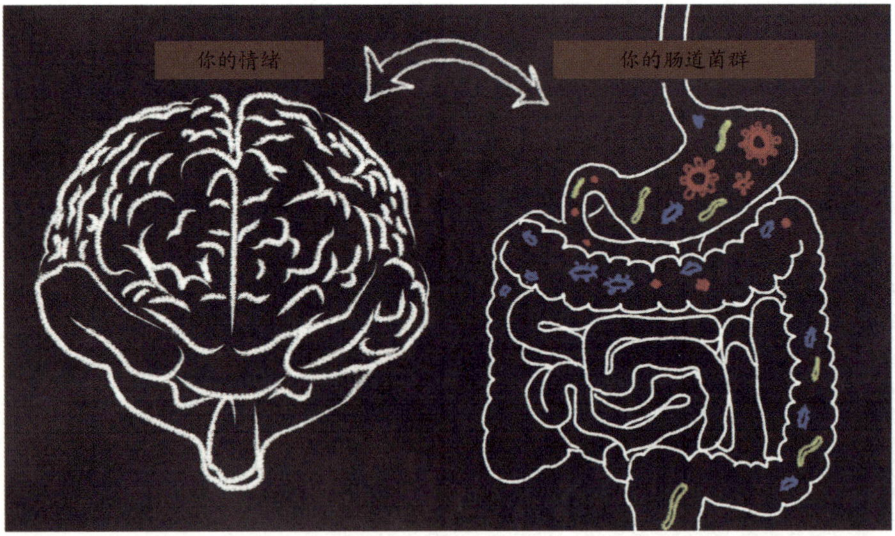

第5节 “吃”矿成金的浸矿微生物

1947 年，首个能够“吃”矿的微生物被分离培养，后来，人们发现了越来越多能够“吃”矿的浸矿微生物，并进行了深入研究和广泛应用。

什么是“吃”矿微生物?

在地球矿山环境中，广泛分布着一类能够氧化分解矿石进行生长的自养微生物。这类微生物不同于使用葡萄糖等有机质为能源底物生长的异养微生物，它们通过氧化矿石中还原性无机硫（S^0、S^{2-} 等）和亚铁（Fe^{2+}）获得能量（ATP）和还原力（NADH），进而固定二氧化碳，合成有机碳化合物，实现自养生长。

知识拓展：自养微生物 vs. 异养微生物

微生物为了正常的生存和繁殖，需要有能源、碳源和无机营养物，如氮、磷、硫、钾、钙和镁等。凡必须利用有机碳源的微生物，就是为数众多的异养微生物；反之，凡以无机碳源作为主要碳源的微生物，则是种类较少的自养微生物。

吃“矿”微生物都有哪些？

1947 年，首个能够“吃”矿的微生物——嗜酸性氧化亚铁硫杆菌（*Acidithiobacillus ferrooxidans*，以前被称为氧化亚铁硫杆菌，*Thiobacillus ferrooxidans*）从酸性矿坑水中被分离获得纯培养。该菌不仅能将 Fe^{2+} 氧化为 Fe^{3+}，还能将矿物中硫化物氧化为硫酸，具有氧化分解各种硫化矿的能力。随着对这类微生物的研究和发掘，人们发现了越来越多能够“吃”矿的浸矿微生物，其中嗜酸性硫杆菌属（*Acidithiobacillus*）是研究和应用最为广泛和深入的浸矿微生物种群。该属中的微生物都具有高效的单质硫和无机硫化合物氧化能力（其中部分种群还具有亚铁氧化能力），是形成酸性浸矿体系的重要菌群。钩端螺旋菌属（*Leptospirillum*）是一类重要的亚铁氧化菌，不具有硫氧化能力，在浸矿体系的亚铁氧化和氧化还原电势方面发挥着重要作用。

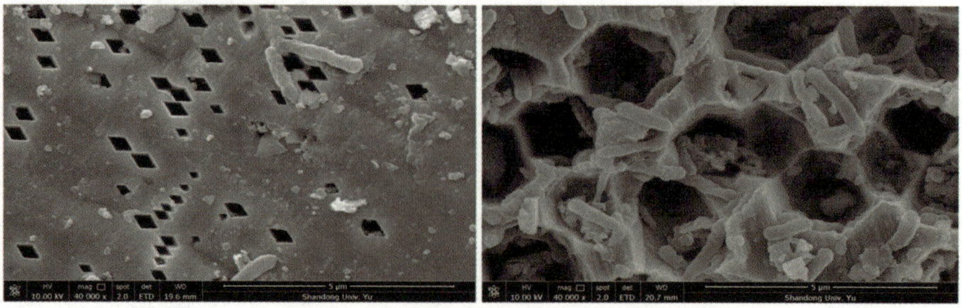

嗜酸性氧化亚铁硫杆菌氧化利用硫化矿的电镜图

这些微生物具体是怎么“吃”矿的呢？

“吃”矿微生物是这样氧化矿物、浸出金属离子的：浸矿微生物对矿物的氧化分解主要依赖两种方式——微生物直接接触的生物氧化作用和微生物间接参与的化学氧化作用。

生物氧化作用主要是依靠吸附在矿物表面的浸矿菌，通过细胞表面分泌物和代谢产物直接将矿物氧化分解；化学氧化作用主要依赖浸矿菌硫铁氧化代谢形成的富含 Fe^{3+} 的酸性环境，Fe^{3+} 在低 pH 值下作为强氧化剂，通过化学作用将矿物氧化分解，释放出金属离子。

具体来说，“吃”矿微生物是如何氧化利用硫铁的？

矿石中还原性无机硫和亚铁是“吃”矿微生物生长代谢的能源底物，下图为硫氧化菌和铁氧化菌在液体和固体平板培养时的状态。浸矿的硫氧化菌几乎能够利用各种还原性的无机硫，比如单质硫（S^0）形式的硫磺及 S^{2-}、SO_3^{2-}、$S_2O_3^{2-}$、$S_4O_6^{2-}$ 形式的无机硫化合物。研究表明，这些硫氧化菌在细胞不同区域分布着不同功能的硫氧化酶，负责不同类型硫化合物的氧化代谢，并且不同硫氧化酶之间可以相互配合，形成高效协同的硫代谢网络，将不同类型还原性无机硫最终氧化为硫酸盐（SO_4^{2-}）。铁氧化菌细胞内含有亚铁氧化的电子传递链，亚铁氧化获得的电子经过顺电势途径和逆电势途径传递分别形成生物能（ATP）和还原力（NADH），用于细胞物质合成和代谢生长。

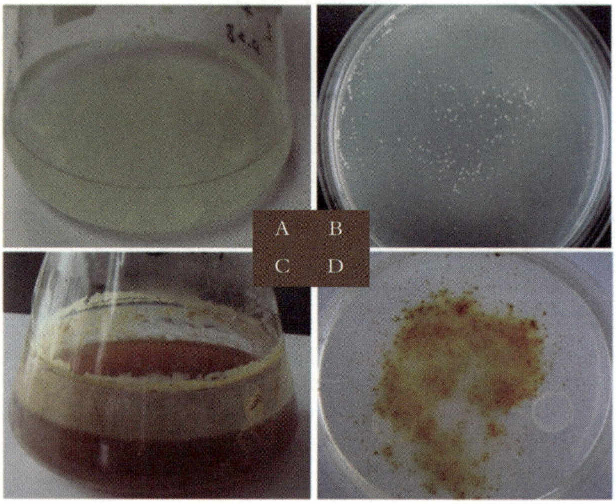

A. 硫氧化菌——嗜酸性喜温硫杆菌单质硫液体培养；B. 嗜酸性喜温硫杆菌硫代硫酸盐固体平板培养；C. 铁氧化菌——嗜铁钩端螺旋菌（*Leptospirillum ferriphilum*）亚铁液体培养；D. 嗜铁钩端螺旋菌固体平板培养

“吃”矿微生物的不同培养状态

“吃”矿微生物的这个特点如何为我们所用？

20 世纪 50 年代，人们开始利用浸矿菌氧化矿物、浸出金属离子的作用提取有色金属，逐渐发展建立了微生物冶金技术，主要有以下 3 种提炼方法。

第一种是利用微生物堆浸提取有色金属。铜矿的生物冶金常采用这种工艺，即将矿石堆成巨大矿堆，在矿堆边挖池培养浸矿微生物，用泵将含微生物的液体泵至矿堆上方进行喷淋，含菌的酸性、强氧化性液体在矿堆石缝流动过程中不断浸出矿石里的铜，铜变为硫酸铜（$CuSO_4$）进入溶液，再通过溶剂萃取 - 电积技术把铜提取出来。

第二种是利用生物反应器的槽浸工艺。金矿生物预氧化大多采用这种工艺，即将矿粉加水制成矿浆，在生物反应器中接入浸矿微生物，恒温条件下通气搅拌，矿石中硫铁、砷等被氧化浸出进入溶液，矿石中的金由于不溶而沉积下来，再对其进行提炼。

第三种是原位浸出提取。由地面钻孔至金属矿体，然后从地面将微生物浸出剂注入矿体中，原地溶浸有用成分，用泵将浸出液泵回地面，回收溶解出来的目的元素。加拿大利用微生物原位浸出铀，年产量超过 420 t。

2011 年，微生物冶金技术被《科学美国人》列为“可以改变世界的十大想法”之一，如今已经不仅仅是想法了吧？

微生物冶金技术被认为是矿冶领域的新型战略性技术，这些年来的发展十分迅速。1958 年美国开始利用微生物冶金提取铜，1966 年加拿大开始利用浸矿菌提取铀，1986 年南非 Fairvirw 金矿厂建立了世界上第一个细菌氧化提金厂。微生物冶金在锰、锌、钴、镍等金属浸出应用中也获得了成功。微生物冶金生产的铜已占全世界铜产量的 20% 以上，美国黄金总产量的 1/3 是用微生物冶金法生产的。

我国是从什么时候开始发展微生物冶金技术的？

我国对浸矿微生物和微生物冶金技术的研究始于 20 世纪 50 年代。1997 年，在江西省德兴市铜矿建成了我国第一家年产 2000 t 铜的微生物堆浸厂；2000 年和 2001 年，山东省烟台市和莱州市的两家黄金冶炼厂分别引入了微生物氧化预处理金矿工艺，开创了我国槽浸微生物氧化预处理含砷金矿技术的新纪元。此后，我国福建、贵州、西藏、东北等地也陆续开展了微生物冶金产业化应用。

前面提到，通过微生物冶金技术生产的铜已占全世界铜产量的 20% 以上，要想持平甚至取代传统冶金方法，似乎还有很长的路要走？

目前，微生物冶金技术的发展的确遇到了“瓶颈”。由于微生物冶金产业中使用的菌种仍然是从环境中筛选驯化诱变而来的，浸矿微生物生长速度慢、细胞浓度低、工业连续生产适应性差等问题没有得到根本解决。如何提升“吃”矿微生物矿物氧化速度、选育高效浸矿菌种，是未来需要进一步攻克的问题。

目前是否有所突破？

我国微生物学家王祖农教授于 20 世纪 50 年代在山东大学微生物技术国家重点实验室创建了自养菌遗传与应用团队。20 世纪 90 年代，颜望明教授在国际上首次创建了嗜酸性硫杆菌的基因接合转移系统，使得改造浸矿菌成为可能。经过几代人的努力，该研究团队在国际上创建了一系列适合浸矿菌的基因转移系统与基因组编辑技术，形成了我国浸矿微生物研究的独特技术优势。该研究团队通过对嗜酸性氧化亚铁硫杆菌群体感应系统（quorum sensing，QS）的研究与改造，显著提高了菌株的矿物氧化能力，构建出高效的“吃”矿微生物，提供了从分子水平上解决浸矿菌矿物氧化速度慢的有效方法。

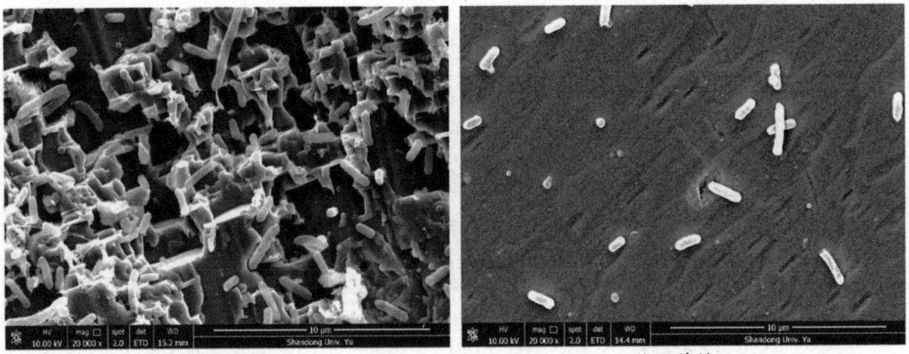

QS 过表达菌株　　对照菌株

基于 QS 系统构建高效浸矿嗜酸性氧化亚铁硫杆菌

想必未来基因编辑技术会为微生物冶金提供更多可能?

微生物冶金是微生物技术在有色矿产资源开采中的成功运用，已成为未来冶金行业发展的重要方向之一。微生物基因编辑技术和合成生物学的发展和应用，为解决微生物冶金菌种自身缺陷，构建高效代谢、快速生长、环境适应性强的超级“吃”矿微生物提供了有效方案。21 世纪是生物技术的世纪，基于基因编辑技术的浸矿微生物合成生物学研究和应用，是解决微生物冶金菌种问题的关键，将有助于构建我国微生物冶金菌种的特色和优势，提升微生物冶金产业效能，助力我国有色冶金行业实现碳达峰碳中和目标和绿色低碳产业体系构建。

第6节 “秸”尽所能的低温秸秆腐熟技术

素有“中华大粮仓”之称的东北地区，面临着近 1.6 亿 t 秸秆的处理问题。耐低温的秸秆腐熟技术从现有主流秸秆处理技术中脱颖而出，微生物再次体现了它们广阔的科技应用前景。

秸秆的处理面临哪些难题?

我国是农业大国，粮食播种面积广阔，每年的粮食产量均稳定在 6.5 亿 t 以上，产生的秸秆数量庞大。在保障粮食生产的同时，也要坚持生态建设和绿色发展，秸秆综合利用是农业可持续发展的必要措施。在传统的农业生产中，秸秆通常被焚烧或丢弃，不但增加污染排放、破坏农业生态，同时也造成了资源的严重浪费，因此提高秸秆的综合利用效率是解决问题的唯一途径。2019—2023 年连续 5 年，中央一号文件均部署了秸秆综合利用工作。

东北地区素有“中华大粮仓”的美称，但大量粮食产生的秸秆却成为制约东北地区农业生态可持续发展的首要因素。2022 年，东北三省粮食产量占全国粮食总产量的 20.87%，但随之产生的近 1.6 亿 t 秸秆的处理成为难题。因为东北地区特殊的气候与条件，传统的秸秆利用方式受到了很大限制。

目前有哪些秸秆处理技术？

目前有四大主流秸秆处理技术：粉碎还田、**生物质发电**、沼气生产和秸秆腐熟技术。粉碎还田因机械配套难、还田降解少而难以开展；生物质发电消耗的秸秆体量较小，且会带来较高的碳排放；沼气生产的成本和要求较高，但需求量较低；秸秆腐熟技术具有环境友好、利用价值高的优点，是解决东北等高纬度地区秸秆综合利用问题的合理手段，但东北地区入冬较早，受低温限制较多，因此，秸秆腐熟技术迫切需要满足耐低温、全天候的要求。而耐低温秸秆腐熟剂的出现突破了秸秆低温腐熟技术的“卡脖子”难题。

耐低温秸秆腐熟剂是如何研制出来的？

首先，从大兴安岭、新疆等高纬度高寒地区多年落叶层腐殖质或秸秆还田土壤中采样。其次，分离并筛选出既能在低温条件下生长，又能产生纤维素和木质素酶的菌株。再次，进行形态学鉴定、分子学鉴定及滤纸试验鉴定菌种。最后，采用拮抗实验观察菌种间的生长是否具有良好的兼容性，没有拮抗作用的菌种则可以复配成菌剂。耐低温秸秆腐熟剂由多种菌种复配形成，安全环保，有效活菌数高，在低温下启动高温腐熟。耐冷菌在5℃环境下即可启动秸秆腐熟，在室外环境温度低于-42.8℃时，腐熟堆内温度可超过89℃。嗜热菌参与秸秆腐熟进程，可有效杀死病原微生物、虫卵等，3个月内实现秸秆完全腐熟。随着秸秆腐熟进程的推进，秸秆逐渐变成粉末状。

使用耐低温秸秆腐熟剂有什么好处？

秸秆还田不仅解决了焚烧污染空气和乱弃影响耕种的问题，还保护了黑土地。由于化肥的施用，黑土地变薄、变瘦、变硬的问题逐渐凸显。《中华人民共和国国民经济和社会发展第十四个五年规划和2035年远景目标纲要》明确提出，要实施黑土地保护工程，加强东北黑土地保护和地力恢复。秸秆还田可以逐步修复黑土地，增加土壤肥力，补充土壤中的氮、磷、钾，减少化肥产生的酸化、板结化等问题。另外，秸秆腐熟可以节约成本并创收，实现秸秆高值化利用。秸秆腐熟物可以直接代替20%的化肥，实现秸秆肥料化；也可以作为原料进一步在肥场加工成有机肥和育苗土，实现秸秆基质化。

耐低温秸秆腐熟剂利用生物方法解决了寒地秸秆的处理问题，降低生产成本的同时保护环境，助力优质种植和绿色农业的可持续发展。未来，可以将国家黑土地保护、秸秆综合利用、土地休耕等政策结合起来，冬季利用休耕田地就近制肥，通过秸秆肥轮流抛撒还田不断提高地力。

第二章

探奇微世界：这些微生物天赋异禀

为什么雨后总能闻到泥土的芳香？为什么夜幕下的海滨会泛起蓝色微光？为什么幽门螺杆菌能在人体最酸的液体中存活……生物圈中充斥着各种各样的微小精灵，它们以多样的姿态呈现，和动植物一起，共同构成了丰富多彩的生命世界。

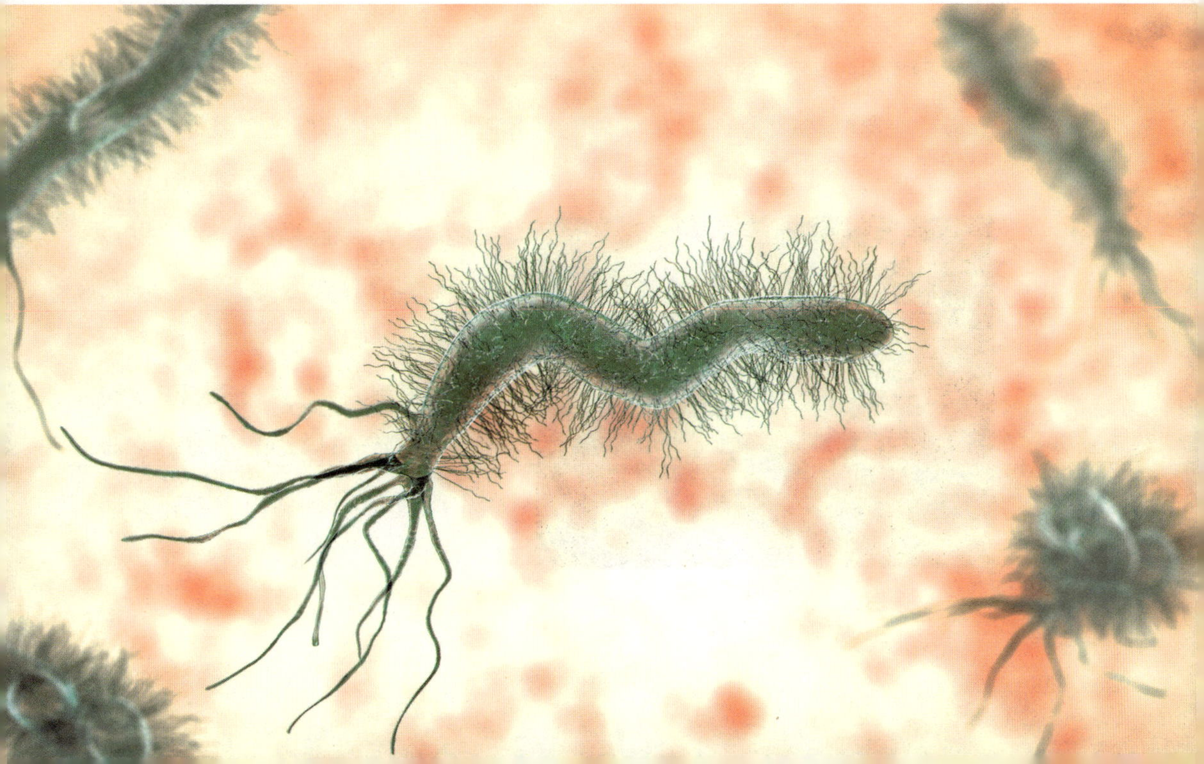

第1节 雨后泥土芳香——来自放线菌的"土"味情话

你是否也曾因为雨后泥土的独特芳香而爱上下过雨的天气？我们对一场细雨的感知，最先往往是从"嗅觉"开始的。细究原因，居然也是微生物的又一杰作。

雨后泥土的芳香来自哪里？

我们对一场细雨的感知往往是先闻到一股沁人心脾的味道，扭头向窗外看去，才发现已经有密密麻麻的雨滴落下来了。这种特殊味道总是伴随着降雨、浇灌草地或翻动土壤而出现，闻起来像是泥土、青草、水汽混合在一起的清新味道，令人心旷神怡。许多人正是因为这种泥土的芳香而爱上下过雨的天气，让人感觉更加贴近大自然。科学研究发现，这种泥土的芳香主要来源于一种挥发性化合物——土臭素（Geosmin）。

雨后大自然

什么是土臭素？

土臭素是最为丰富的天然化合物家族——萜类化合物中的一员，土臭素家族的结构类似物中有许多成分具有高度的气味活性。人类的鼻子可以灵敏地嗅到浓度不到万亿分之五的土臭素，相当于 200 个奥林匹克游泳池中 1 茶匙的量。土臭素可以由土壤中的放线菌（*Actinomycetes*）代谢产生。放线菌是原核生物中一类能形成分枝菌丝和分生孢子的特殊微生物，因其菌落呈放射状而得名。

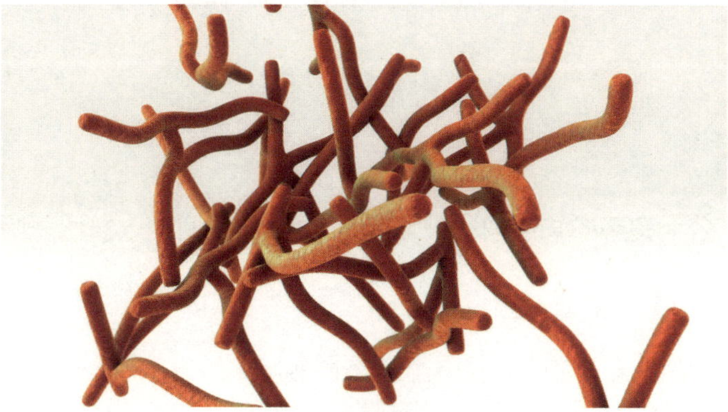

放线菌群

天气晴朗时，放线菌会产生土臭素吗？

在晴天土壤干燥的时候，成熟的放线菌会产生大量的分生孢子进行繁殖，待到环境条件适宜时，孢子便萌发成新的放线菌株。土臭素这一化合物就是放线菌在产生孢子的过程中释放的一种代谢产物，它平时储存在干燥土壤的疏松孔隙中，此时我们并不会闻到这种“泥土”的味道。

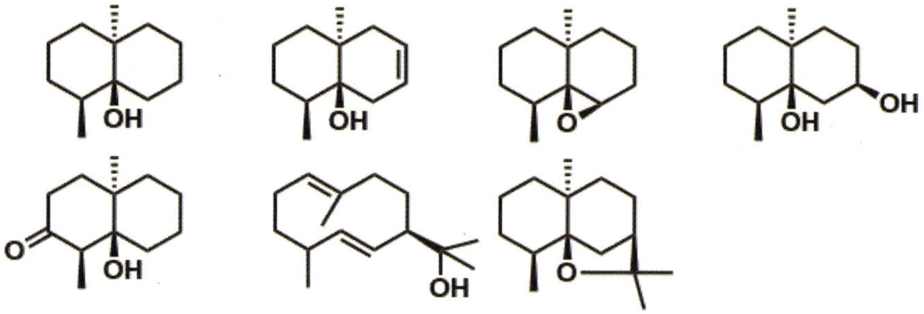

土臭素及其衍生物化学结构
[*Chembiochem*, 2023, 24(12): e202300101]

为什么土臭素的味道总是在下雨天的时候强烈地散发出来呢？

美国麻省理工学院的研究者给这个自然现象做出了一个合理的解释。他们用水滴模拟雨滴，并借助超高速摄像机捕捉到了雨滴接触土壤和多孔固体表面时的情况。他们发现，当雨滴以一定速度冲向土壤表面时，与疏松的干燥土壤接触后瞬间将土壤中的气体包裹成小气泡，类似于泡泡器吹出的气泡。这些包裹着土臭素的小气泡在浮力的作用下，快速向上升起，穿过水面爆破迸发，同时产生许许多多极细小的液滴，即气溶胶。气溶胶中便含有土臭素这种化合物，它还会携带土壤中的其他物质，甚至是细菌、孢子和病毒，在空气中四处扩散。于是，土臭素便以这样的方式从土壤扩散到了空气中，在我们呼吸时随着空气进入我们的鼻腔，最终令我们闻到这种特殊的泥土芳香。

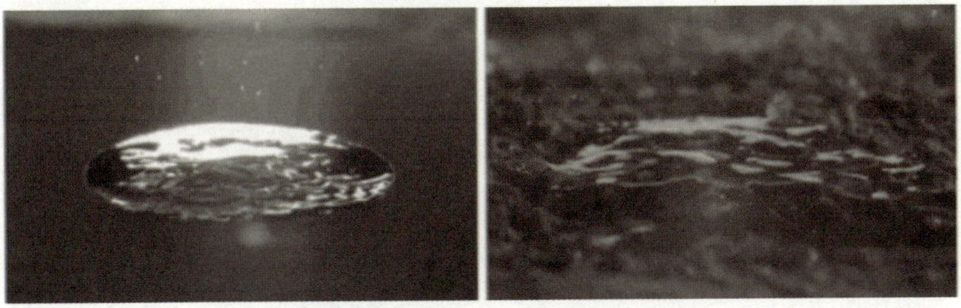

高速镜头显示降雨如何将气溶胶释放到环境中
（*Nature Communications*, 2015, 6: 6083）

下小雨的时候，泥土的芳香味儿好像比下大雨时还要重，这是为什么呢？

的确存在这种差异。研究人员发现，雨滴降落速度较慢、水量较小的小雨和中雨释放的气溶胶更多，而雨滴降落速度更快、水量更大的大雨和暴雨释放的气溶胶更少，这就是为什么在绵绵细雨天闻到的泥土气味反而比在大雨天闻到的气味要重。

土臭素具体有什么用途呢?

土臭素已作为添加剂用来制作具有雨后泥土清新味道的香水，让喜爱这种味道的人可以每天都身处雨天环境，这也算是来自放线菌的“土”味情话吧。

但土臭素并不全是益处，它在自然中如果过量产生也可能成为一种环境污染物，使得水体、水产品、农作物等染上并不美妙的泥土味儿（这就是有些人不喜欢吃淡水鱼的原因）。如何降解土臭素也是长久以来的研究课题。土臭素还会影响一些动物和微生物的行为，因为它们并不喜欢土臭素的味道。

香水

土臭素具体是如何影响动物和微生物行为的?

自 1965 年土臭素被首次从灰色链霉菌（*Streptomyces griseus*）中分离以来，后续的研究发现，土臭素这类化合物广泛分布于放线菌、蓝藻、黏细菌、子囊菌、担子菌和变形虫中，但其实土臭素对这些菌自身的生长、能量摄入和分裂都没有明显作用，生理意义一直不明。

发表在 *Applied and Environmental Microbiology*（《应用和环境微生物》）杂志上的一项研究中，研究者以秀丽隐杆线虫（*Caenorhabditis elegans*）和能够产生土臭素的天蓝色链霉菌（*Streptomyces coelicolor*）为研究对象进行了测试，发现了一个有趣的现象：秀丽隐杆线虫会因为躲避土臭素而不去捕食对其有毒害作用的天蓝色链霉菌。这说明在自然生态环境中，细菌很可能依赖自身合成的土臭素发挥拒食功能，而逃过线虫的捕食；反过来，线虫则通过识别土臭素这一气味信号避开有毒的细菌，避免“食物中毒”。它们之间由土臭素作为信号分子建立起了一种微妙的关系，令彼此免受伤害。

有没有喜欢土臭素动物的例子？

有一种在土壤中生存的小型节肢动物——跳虫（*Poduridae*）则正好相反，它极其喜爱食用放线菌，并且不会“中毒”。据 *Nature Microbiology*（《自然－微生物》）杂志发表的一篇文章介绍，研究者们发现跳虫会受土臭素甚至其中间产物和衍生物的强烈吸引，循着这些气味分子去觅食。在它们“大快朵颐”的过程中，数万个放线菌的孢子也不知不觉粘满全身，跳虫从而成为放线菌传播后代的工具。研究者们认为这也许是跳虫与放线菌长期进化出的一种以土臭素为信号分子的特殊关系：繁殖期的放线菌在产生孢子的同时释放土臭素，作为吸引跳虫的气味诱饵，最终利用跳虫传播孢子完成繁殖扩散的使命。

跳虫

待到下次降雨，别忘了走到室外呼吸一下充满土臭素的空气哦！也许，我们该给它换个名字了！

第2节 梦幻萤光海
——自带效果的发光微生物

夏末秋初的傍晚，你是否在临水的树丛中发现过一闪一闪发出光芒的身影？它们就是萤火虫。如果足够幸运，你或许可以在夜幕下的海滨看到这样一幕，泛着蓝色微光的海浪起起落落，这是海洋中发光细菌的杰作。

会发光的生物有哪些？

可以发光的生物很多，涉及 17 个门的 30 多种体系，例如前文提到的萤火虫、发光细菌，还有发光真菌、一些海洋生物等。生物发光是微弱光，在特定环境下肉眼才能见到。

萤火虫为什么会发光？

萤火虫发光，叫作生物发光。所谓生物发光（bioluminescence），是广泛存在于自然界的一种现象，通常是指生物体内特殊化学物质（萤光素）在萤光素酶催化下释放出光的过程。早在远古时代，自然界中的发光现象便吸引了人们的目光。1885 年，人们发现生物发光源于萤光素酶和萤光素之间的化学反应，本质是化学能转变成光能的过程。

新西兰怀托摩萤火虫洞

人们是如何发现萤火虫发光原理的?

萤火虫是最早被研究的发光物种之一。20 世纪初，科学家们便开始了对萤火虫生物发光反应机理的研究。1956 年，研究人员首次从北美萤火虫（*Photinus pyralis*）体内提取纯化出萤光素酶。1957 年，人们首次提取纯化出萤火虫萤光素。紧接着到了 20 世纪 60 年代，科学家们实现了萤光素的人工合成。1984—1985 年，科学家们成功克隆出编码萤火虫萤光素酶的基因，随后在 1996 年，人们获得了萤光素酶的晶体结构。20 世纪 70 年代，在前人研究的基础上，针对萤火虫生物发光反应机理，人们提出了较为成熟的理论。在生命科学相关领域，萤火虫的萤光素酶和萤光素也被开发成了报告系统、检测试剂盒等多种研究工具。

萤火虫

知识拓展：萤火虫的发光原理

在萤火虫萤光素酶的催化下，在重要辅助因子 ATP 和镁离子的参与下，D 型萤光素（D-Luciferin）被氧化成氧化萤光素（oxyluciferin），在反应中释放出光子。萤火虫生物发光体系随着萤光素酶或者萤光素的不同，产生的生物光的波峰也不同，通常在 530~640 nm。

夜晚的海洋为什么会发光？

生活在海洋中的一种生物叫夜光藻，属于甲藻门的海产属。它在受到物理刺激时，能够通过化学反应产生光。当数以百万计的夜光藻聚集在一起时，会在夜晚海洋中营造出梦幻般的蓝色光景，这种现象被称为“蓝眼泪”。不过，“蓝眼泪”其实是有害赤潮现象，会导致水体缺氧，从而间接导致鱼类等海洋生物的死亡，危害海洋生态系统健康。

细菌也能发光吗？

很多细菌具有生物发光特性，多数分布于海洋，在陆地亦有分布，其中主要菌属有弧菌属（*Vibrio*）、发光杆菌属（*Photobacterium*）、贝内克（氏）菌属（*Beneckea*）和嗜线虫致病杆菌属（*Xenorhabdus*）。从 20 世纪 50 年代起，人们陆续发现了细菌生物发光的关键组分，进而提出了细菌生物发光（bacterial bioluminescence）的机理：萤光素酶在还原型黄素的辅助下，氧化长链饱和脂肪醛，进而释放出蓝光。细菌的生物发光相关酶主要包括异源二聚体形成的萤光素酶、脂肪还原酶、核黄素还原酶等，由 *lux* **操纵子**编码调控。1985—1986 年，编码细菌萤光素酶的基因被成功克隆。1996 年，细菌萤光素酶的晶体结构被报道。现如今，细菌的 *lux* 操纵子已经被开发成一种重要的报告基因系统，并被广泛应用于生命科学相关研究领域。

海洋中的生物发光

真菌也能发光吗？

能，目前已知大概有 9 个属的 70 多种真菌具有生物发光能力，这些真菌多分布于陆地。虽然人们很早就观察到了真菌的生物发光，但是近期才成功克隆了真菌的生物发光蛍光素酶和相关基因，鉴定了蛍光素的结构并解析了生物合成途径。真菌的生物发光蛍光素名为 3-hydroxyhispidin，其在真菌体内的生物合成起始于咖啡酸。真菌蛍光素酶氧化蛍光素，释放波峰在 530 nm 左右的光。被氧化的蛍光素可以被代谢为咖啡酸，从而再次进入蛍光素的生物合成。目前，科学家们进一步将真菌中的生物发光相关基因导入烟草中，得到了具有自动发光能力的烟草，使这些植物产生肉眼可见的光。无需额外添加底物的自主发光信号可为植物的生理动态过程监测、发育与发病机制研究、与环境因素的互相作用等研究提供量化指标。

海洋中还有哪些典型的发光生物？

在海洋中，除了发光细菌、真菌之外，还有形形色色的发光生物，如水母、栉水母、海肾、桡脚类动物、部分虾和部分深海鱼等。20 世纪 60 年代，Cormier 团队开始研究海肾的生物发光现象。同时期，Johnson 等人开始研究水母的生物发光。引起这两种生物发光现象的关键物质便是腔肠素。1975 年，科学家们确认了腔肠素是一种蛍光素，并实现了腔肠素的人工合成。腔肠素可以和来源于海肾（*Renilla*）、*Oplophorus*、盖缘水母（*Periphylla*）、

Gaussia、*Metridia* 等生物的萤光素酶作用，从而产生生物发光现象，通常不需要其他辅助因子的参与，其生物发光的波峰多在 460~480 nm。目前，腔肠素生物发光体系也被开发成科学研究中的报告基因系统。

水母的生物发光

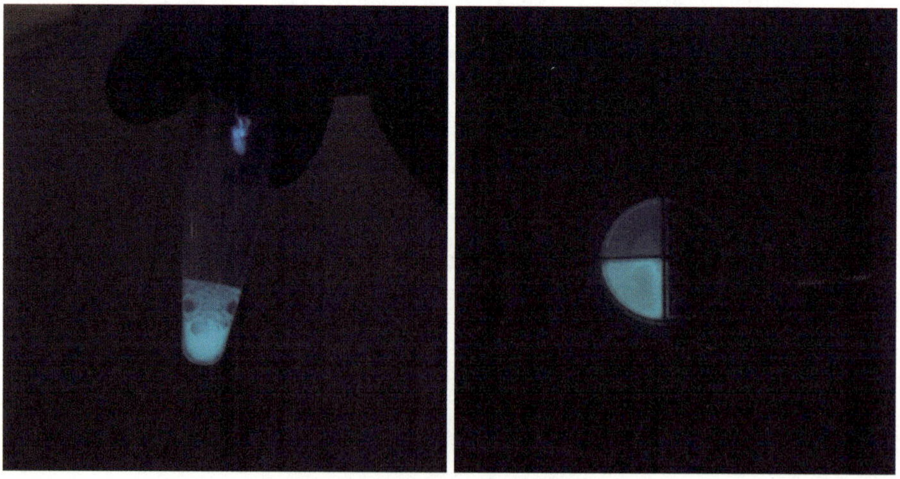

腔肠素与萤光素酶反应后的生物发光现象

知识拓展：什么是报告基因？

报告基因是一类可以编码荧光蛋白或酶，从而将看不见的底物转化为发光或彩色产物的一类基因报告系统，光信号可以通过发光检测仪或CCD相机进行检测，是生物医学领域基础研究的一个重要工具，广泛应用于检测细胞的信号传导和基因表达。

生物发光目前有哪些应用？

从19世纪末开始，生物发光背后的科学原理被逐步揭示。基于生物发光原理，科学家们开发了相关技术，比如，萤光素配合萤光素酶使用的试剂盒、双萤光素酶报告基因系统、生物发光成像技术、生物发光共振能量转移技术等，为探测体内外活性物质和**信号转导**等科学研究提供了工具和方法。相信在未来，对生物发光的继续探索和开发，将推动衍生技术的发展和在生命、环境、医学等领域的应用。

第3节 胃酸中的“战斗机”——幽门螺杆菌

胃炎、胃溃疡往往难以痊愈，并且会反复发作。以前人们不明所以，直到 20 世纪 80 年代，人们才发现原来这类病是由一种细菌导致的，就是幽门螺杆菌（*Helicobacter pylori*）。当前，我国约 8 亿人感染了这种细菌。

“幽门大帝”有多厉害？

作为存在于全球一半人胃部的“殖民者”，幽门螺杆菌可谓出尽风头。它是目前已知的唯一一种能在人类胃中生存的微生物。众所周知，人体体液的 pH 值为 7.35~7.45，人胃黏膜层细胞可以产生胃酸，而胃酸的 pH 值为 0.9~1.5，是人体中最酸的液体。然而，幽门螺杆菌却可以分泌尿素酶，尿素酶分解尿素产生氨，在幽门螺杆菌周围形成保护层，犹如给它穿上坚硬的盔甲，使得幽门螺杆菌变得“刀枪不入”。

除此之外，幽门螺杆菌具有鞭毛，拥有很强的运动能力，即使在黏液很多的胃黏膜黏液层，也可以自由运动，从而到达黏膜层并定居下来。它们特异性地黏附在胃黏膜上皮，进而引发慢性胃炎、胃溃疡甚至胃癌等。

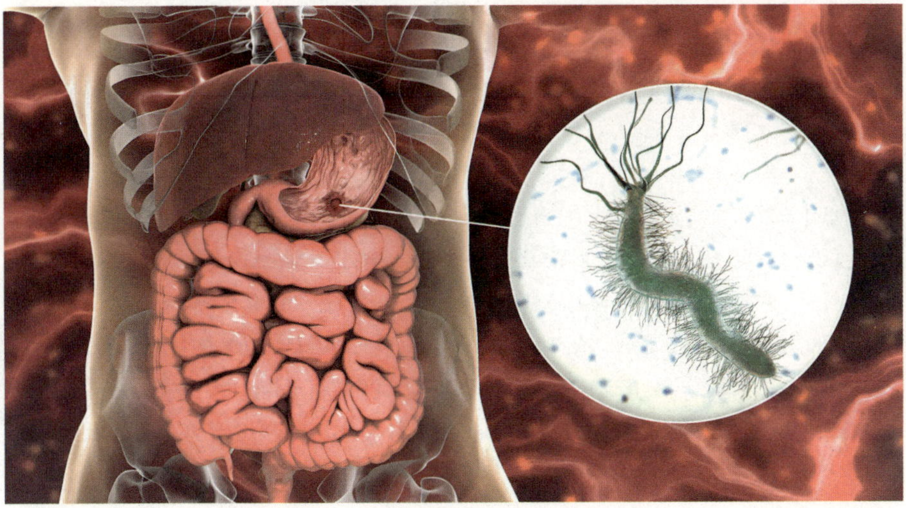

胃与幽门螺杆菌

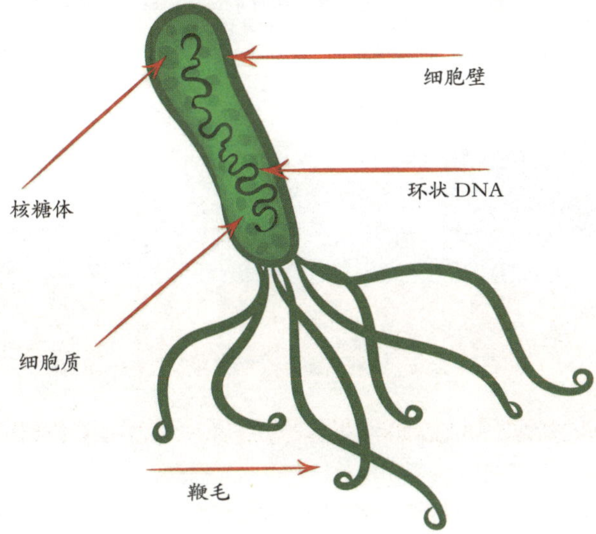

幽门螺杆菌结构图

知识拓展：幽门螺杆菌如何一步步导致胃病？

幽门螺杆菌菌体细长，弯曲呈螺旋形、S形或海鸥状，在胃黏膜黏液层中常呈鱼群样排列，菌体一端有4~6根鞭毛，体外培养呈杆状。幽门螺杆菌具有较强的传染性，可通过食物和饮用水进入人的胃内，然后分泌黏附性物质，牢牢地与胃上皮细胞黏在一起，避免随食物一起被胃排空。同时，借助菌体一侧的鞭毛提供动力穿过黏液层，分泌过氧化物歧化酶（SOD）和过氧化氢酶，保护细菌不受人体白细胞的杀伤，分泌尿素酶水解尿素产生氨，以抵抗胃酸的杀灭作用。幽门螺杆菌在胃部落户、定居后生长繁殖，开始腐蚀胃黏膜，形成炎症病灶，最终发展成胃溃疡等胃部疾病。

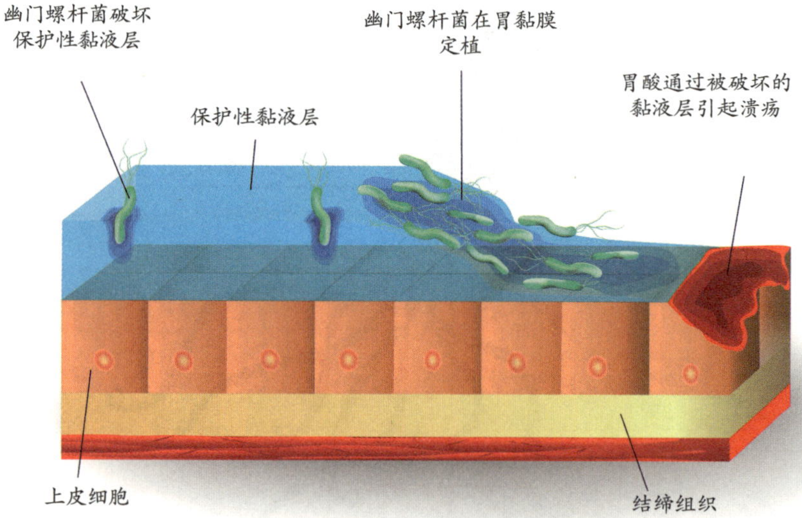

幽门螺杆菌入侵胃部

幽门螺杆菌是怎么被发现的？

1979 年，澳大利亚珀斯皇家医院 42 岁的研究人员罗宾·沃伦在一份胃黏膜活体标本中意外地发现了无数个紧贴着胃黏膜上皮的细菌，而且这些细菌总是出现在胃炎患者的标本中。沃伦意识到这种细菌和慢性胃炎等消化道疾病之间可能存在着密切的联系。1981 年，该医院的消化科医生巴里·马歇尔进行了相关实验，他确认沃伦的观点是正确的。由此，马歇尔医生对这种不知名的细菌表现出了极大的兴趣。

“胃是强酸性环境，不可能有细菌生长”这一论断是如何被颠覆的？

当时人们对“胃是强酸性环境，不可能有细菌生长”这个观念深信不疑，沃伦和马歇尔的理论由于与主流说法相悖，一度被无视。

虽然遭到了医学界的强烈反对，但是马歇尔始终认为需要开展动物实验进行验证。他们首先用荷兰猪进行实验，但是没有成功。由于动物不会被幽门螺杆菌感染，再加上他们的研究基金即将耗尽，于是在 1983 年，马歇尔及其同事搜集了 100 例患者的临床资料，在其中 13 例十二指肠溃疡患者的胃中发现了幽门螺杆菌。马歇尔将此发现写成论文，却惨遭拒稿。杂志编辑认为 13 例患者不足以说明问题，因为每年有成千上万的胃癌患者去世。年轻气盛的马歇尔认为自己必须要做点什么来证明自己和沃伦的观点。1984 年 7 月的一天，33 岁的马歇尔吞服了含有大量幽门螺杆菌的培养液，试图让自己患上胃溃疡。5 天后，冒冷汗、进食困难、呕吐等症状接踵而来。10 天后，他在胃镜检查时发现自己的胃黏膜上果然长满了这种弯曲的细菌。他成功地感染了幽门螺杆菌，患上了胃炎！在被病魔折磨了两周之后，马歇尔终于得到了他所需要的数据，这时他开始服用抗生素，最终幸运地康复如初。马歇尔通过亲身实验证实了幽门螺杆菌可以导致胃病。

幽门螺杆菌的发现有怎样的意义？

他们的研究成果在世界权威医学期刊《柳叶刀》（*The Lancet*）上发表后，立刻在国际消化病学界引起了轰动，学界掀起了幽门螺杆菌的研究热潮。专业刊物《螺杆菌》（*Helicobacter*）杂志应运而生，世界性螺杆菌大会定期召开，螺杆菌相关研究论文不计其数。

1994 年，在美国国立卫生研究院召开的一次大会上，终于将幽门螺杆菌确定为消化道溃疡病的元凶。随后世界卫生组织和国际癌症研究机构将幽门螺杆菌定为 I 级致癌原。

正是由于马歇尔与搭档沃伦的发现，胃溃疡病才从原先难以治愈、反复发作的慢性病，变成了一种只要采用短疗程的抗生素和抑酸剂结合就可治愈的疾病，极大地提高了胃溃疡等患者痊愈的机会。2005 年 10 月 3 日，马歇尔和沃伦获得了诺贝尔生理学或医学奖，虽然奖励来得有些晚，但二人实至名归。

幽门螺杆菌的发现使慢性胃部疾病如胃炎和胃溃疡等患者痊愈的机会大

幅提高。马歇尔“以身试菌”的故事启发人们做科研要勇于创新，而创新来源于好奇和坚持不懈。马歇尔的科研壮举，不仅为改善人类生活质量做出了贡献，还启发人们去研究微生物与其他慢性炎症性疾病的关系。直至今日，马歇尔仍在从事幽门螺杆菌的相关研究。

生活中，我们是如何感染幽门螺杆菌的呢？

感染幽门螺杆菌的主要途径有 4 个，分别是口—口传播、粪—口传播、医源性传播和胃—口传播。

口—口传播途径被认为是最常见的传播途径之一。据报道，接吻 10 s 内平均总细菌转移数约为 8000 万个，并可能导致幽门螺杆菌的传播。一般认为，亲密接触，如亲吻或分享食物等是成人传播幽门螺杆菌的主要方式。粪—口传播是患者的粪便污染水资源等导致的。医源性传播则是在医院进行胃部检查时，仪器未彻底消毒而导致的。胃—口传播是患者肠胃不适，导致胃液反流至口腔而传播的。目前认为，儿童是幽门螺杆菌的易感人群。

感染了幽门螺杆菌，有什么症状？

幽门螺杆菌不仅在胃中潇洒生活，牙龈表面也是它的常存之地，口臭就是它积累繁衍导致的。胃部感染不仅会使胃酸增多，导致病人恶心想吐，还会导致十二指肠黏膜受损发炎，慢性胃炎就是这样发生的。总结下来，三大典型的患病症状就是口臭、恶心或反酸、胃痛。

检测幽门螺杆菌的呼气试验是什么原理？

临床中针对幽门螺杆菌感染的检测方法有很多，有创性检查例如胃镜活检、幽门螺杆菌的分离培养、快速尿素酶试验、血清学试验及 PCR 等。目前 ^{14}C 呼气试验是临床检测幽门螺杆菌最简单的方法。

检测原理是患者口服 ^{14}C- 尿素胶囊，药物进入胃后，如果胃里存在幽门螺杆菌，它们分泌的尿素酶会迅速水解尿素。尿素被水解后形成的二氧化碳会随着血液进入肺部并以气体形式排出，然后检测患者呼出的气体中有没有被标记的 ^{14}C 即可，如果有，就代表存在幽门螺杆菌。

第4节 亦正亦邪的“两面派”——金黄色葡萄球菌

金黄色葡萄球菌是存在于人体的正常菌群之一，平时与人体相安无事。而人体微生态一旦失衡，金黄色葡萄球菌便大量繁殖，翻脸不认人。

为什么说金黄色葡萄球菌“亦正亦邪”？

金黄色葡萄球菌（*Staphylococcus aureus*）是一种常见的细菌，广泛存在于自然环境中，同时也是人体的正常菌群之一。不过，它也是一种致病菌，可以引起多种感染，尤其是免疫系统较弱的人群易受其影响。

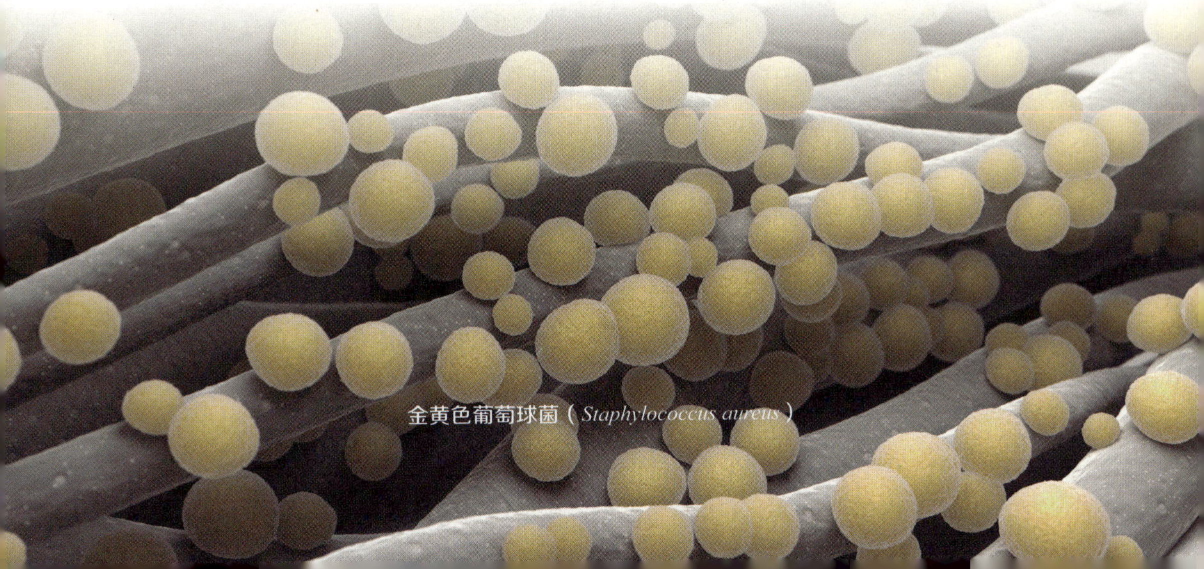

金黄色葡萄球菌（*Staphylococcus aureus*）

在我们身体的哪些部位能找到它？

在人体中，这类细菌主要定植在鼻腔黏膜、咽喉、腹股沟、会阴部和新生儿脐带残端等部位，偶尔也寄生于皮肤、肠道及阴道口等。

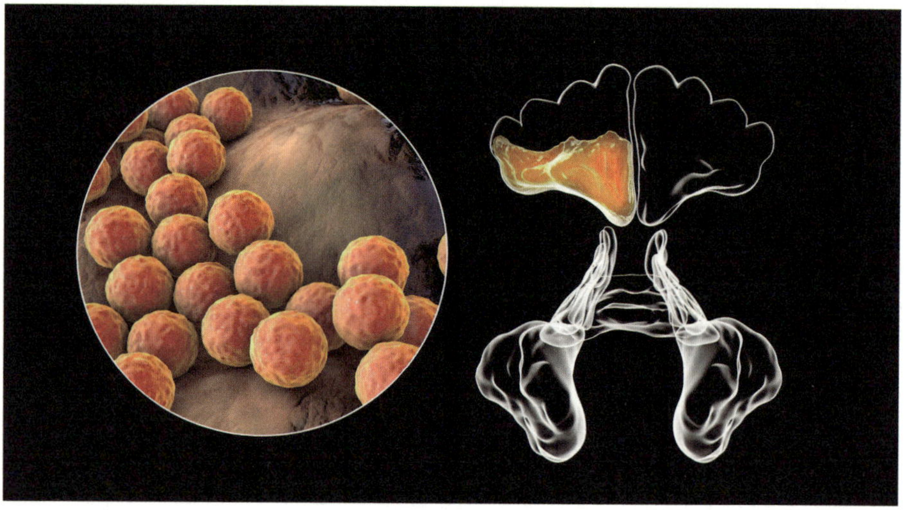

定植于鼻腔的金黄色葡萄球菌

它是金黄色的？像葡萄一样？

是的。它的名称是根据它的形状和颜色来命名的。金黄色葡萄球菌，俗称为“金葡菌”，属于葡萄球菌属，是一种球形细菌，通常呈团簇状，形状类似于葡萄，显微镜下呈葡萄串状，颜色呈金黄色。金黄色葡萄球菌无芽孢、鞭毛，大多数无荚膜。

既然我们体内本来就有，它为什么还会让我们生病呢？

金黄色葡萄球菌虽然存在于空气中，但并不会轻易繁殖。不过，在营养富足的条件下，它会迅速生长，并产生一种叫作葡萄球菌素的毒素，这是其致病的主要原因。有 10%~15% 人群的肠道内寄生有少量金黄色葡萄球菌，当脆弱拟杆菌、大肠杆菌等优势菌受到抗生素的影响被抑制或灭活时，耐药金黄色葡萄球菌就会趁机繁殖并产生毒素，导致以腹泻为主要症状的临床表现。值得一提的是，人类感染引发的假炎性肠炎实质上是一种生态失衡引起的肠炎，特征是肠道黏膜被一层炎性假膜所覆盖。该假膜主要由炎性渗出物、坏死组织和细菌构成。

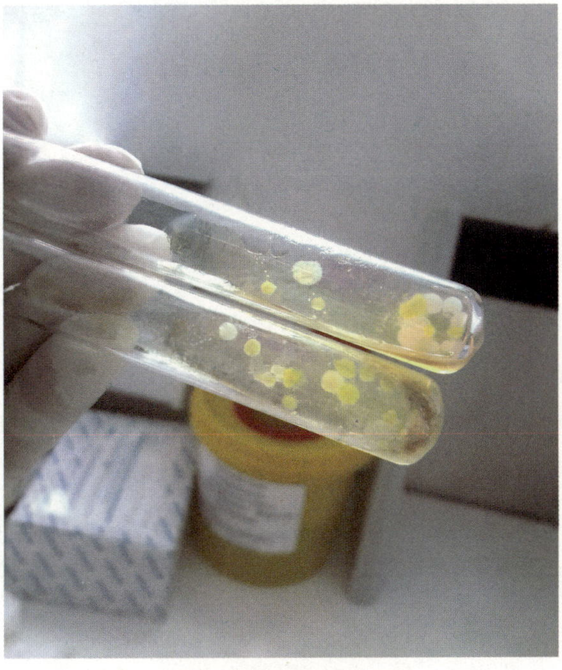

金黄色葡萄球菌的表观形态

金黄色葡萄球菌除了影响肠道，还会导致哪些疾病？

金黄色葡萄球菌感染可导致一系列症状，包括化脓性炎症和毒素性疾病。其中，局部的化脓性炎症包括疖、痈肿、毛囊炎、蜂窝织炎、伤口脓肿、骨关节感染等。还可能引起内脏器官感染，如肺炎、脓胸、中耳炎、心包炎、心内膜炎等。**社区获得性**金黄色葡萄球菌感染引起的支气管肺炎主要影响免疫力低下的老年人。金黄色葡萄球菌也是脑室腹腔分流术后引起脑膜炎等疾病最常见的致病菌之一。全身感染方面，它可引发败血症等疾病。此外，金黄色葡萄球菌感染还可引发葡萄球菌烫伤样皮肤综合征（SSSS），该症状是由它产生的表皮松解毒素引起的，通常发生在免疫功能低下的新生儿、幼儿和成人身上。发病后，皮肤呈现弥漫性红斑和皱纹，随后形成水疱，最终表皮脱落。

金黄色葡萄球菌也会污染食物吗？

金黄色葡萄球菌非常坚强，具有抗干燥、耐热、耐低温、耐高渗的特性。它在干燥环境中可以存活几个月，37℃环境最适合它的生长。它偏好中性环境（pH 值为 7.4），可以在盐浓度接近 10% 的条件下生存和繁殖。以 70℃高温加热 1 小时或 80℃加热 30 分钟也无法将它完全杀死，冷冻也难以将其彻底消灭。它对高盐环境也具备一定的耐受性，可以在 15% 的氯化钠和 40% 的胆汁环境中生长，只有在含 50%~66% 蔗糖或 15% 以上食盐的食品中，生长才能受到抑制。食用被其污染的食物后，30 分钟内可出现急性胃肠炎症状，包括恶心、呕吐、腹痛和腹泻。

如何治疗金黄色葡萄球菌感染？

对于金黄色葡萄球菌感染的治疗，通常需要使用抗生素。然而，近年来，金黄色葡萄球菌对多种抗生素已经产生了耐药性。随着 β－内酰胺类抗生素的广泛使用，耐甲氧西林金黄色葡萄球菌（MRSA）逐渐增多，成了众所周知的超级细菌之一，相应地，由其引起的感染和病死率也呈现逐年上升的趋势。目前，治疗 MRSA 感染已成为临床的一大挑战。据报道，MRSA 感染已经和 HBV（乙型肝炎病毒）感染、AIDS（艾滋病毒）感染并列为世界范围内三大难解决的感染性疾病。

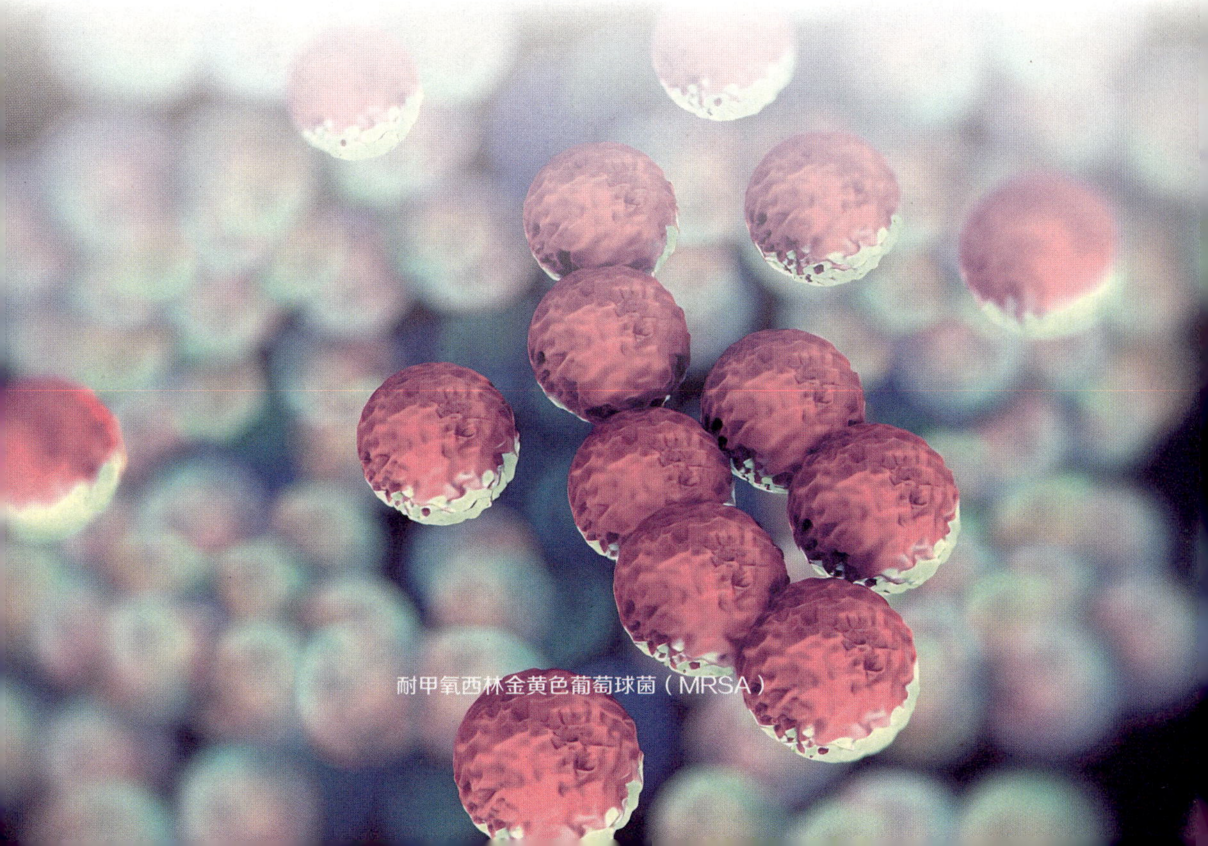

耐甲氧西林金黄色葡萄球菌（MRSA）

MRSA 感染目前有有效的治疗方法吗？

MRSA 可通过接触传播，即易感人群从携带者或感染者身上获得 MRSA，从而引发传播与流行。研究表明，一些新型的 β－内酰胺类、糖肽类及唑烷酮类药物具有很强的抗菌活性。其中，万古霉素被认为是治疗 MRSA 感染的有效糖肽类杀菌剂，可以与磷霉素、氨基糖苷类抗生素、利福平和夫西地酸等联合使用。临床上一直将其作为治疗 MRSA 感染的首选药物。然而，近年来已有 MRSA 对万古霉素的敏感性降低的报道。对于这种对万古霉素敏感性降低的金黄色葡萄球菌感染，联合应用万古霉素和具有抗葡萄球菌活性的 β－内酰胺类抗生素，可以取得一定的疗效。此外，研究人员最近开发了一种由透明质酸、光敏剂二氢卟吩和甲硝唑组成的纳米试剂（HCM），可用于治疗耐甲氧西林金黄色葡萄球菌生物被膜感染。

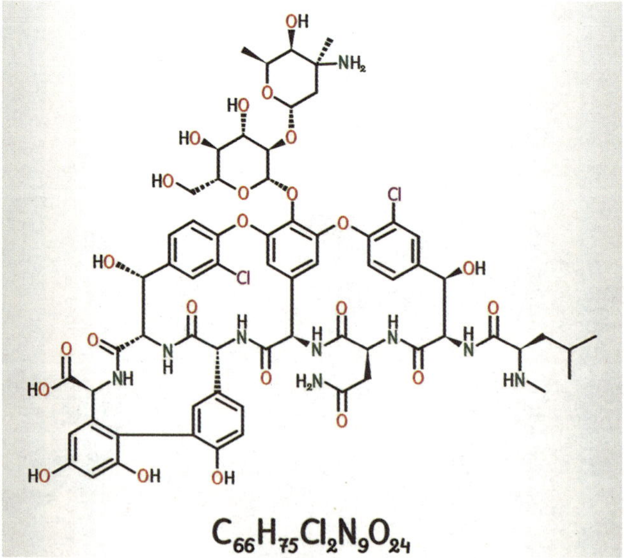

万古霉素化学式

HCM 试剂是如何消灭 MRSA 的？

这类纳米试剂可以被生物被膜中的酶降解并缓慢释放二氢卟吩和甲硝唑。在光照下，二氢卟吩可以将空气中的氧气转化为活性氧。利用活性氧可以杀死生物被膜表面的活性细菌，加剧生物被膜的缺氧状态，诱发耐甲氧西林金黄色葡萄球菌产生硝基还原酶，将甲硝唑转化为杀菌性咪唑片段，从而有效去除生物被膜内的金黄色葡萄球菌等细菌，并抑制生物被膜的再生。

亦正亦邪的金黄色葡萄球菌，带给我们哪些启示？

总的来说，金黄色葡萄球菌是一种广泛存在于环境中的细菌，既是人体的正常菌群，也是一种致病菌。了解金黄色葡萄球菌的特征和感染途径，采取有效的预防措施，对于预防和控制其感染具有重要意义。同时，抗生素的正确使用和合理管理，也是控制金黄色葡萄球菌感染的关键措施。我们应该加强对金黄色葡萄球菌的研究，以更好地应对其带来的健康威胁。

第5节 从破坏帐篷到工业车间
——里氏木霉的奇妙之旅

一代代科学家历经 70 余年的研究，使一株从太平洋战场上分离出的“破坏帐篷的真菌”变成了为人类服务的细胞工厂。展望未来，里氏木霉的“奇妙之旅”或许才刚刚开始。

里氏木霉为什么被称为“破坏帐篷的真菌”？

1943 年，从美国伊利诺伊州市场里发霉的甜瓜上新分离出的青霉菌开始被用于青霉素的生产，很快拯救了成千上万伤口受到感染的士兵。同时，在炎热潮湿的所罗门群岛，另一些真菌却给士兵们带来了麻烦——棉布制作的军用帐篷和衣物很容易因微生物的降解作用而腐烂。美军收集了大量的真菌，并在位于费城的军需实验室启动了相关研究项目，试图找出导致帐篷腐烂的“元凶”。

他们找到了什么？

20 世纪 50 年代，马萨诸塞州纳提克（Natick）军需实验室的 Mary Mandels 和 Elwyn Reese 等人筛选了实验室保藏的 14 000 株真菌，找到一株编号为 QM6a（QM 是英文 quartermaster 的缩写，表示“军需”）的菌株，发现它分泌的纤维素酶能够高效降解棉纤维。这株菌来自太平洋布干维尔岛的一顶腐烂帐篷，最初被鉴定为绿色木霉（*Trichoderma viride*）。后来，分类学家发现 QM6a 实际上代表了木霉属的一个新种。为了纪念发现者 Elwyn Reese，人们将它重新命名为 *Trichoderma reesei*，中文通常翻译为里氏木霉（或李氏木霉、瑞氏木霉）。

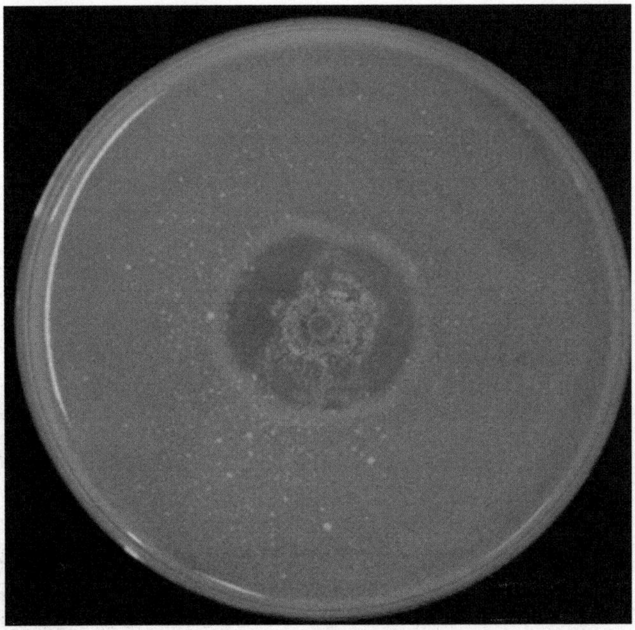

在纤维素培养基上生长的里氏木霉
（摄影：何鑫）

帐篷上的微生物那么多，人们是如何找到想要的菌株的？

这个方法很值得一提。研究人员用不同真菌的发酵**上清液**处理棉纤维，这个过程长达35天，中间更换了4次新酶液，最后测定糖的生成量和棉纤维的失重率，就这样找到了降解能力最强的真菌——里氏木霉。

此时，美军实验室的研究目标已经发生了转移。他们希望首先将纤维素酶解为葡萄糖，然后以糖为原料发酵生产酵母蛋白，为特殊环境下的部队提供食物。从这一角度考虑，“长时间深度降解”的方法显然比只关心反应初速度的一般酶活力测定方法更为合适。今天，人们在评价酶对纤维素、塑料等材料的降解效率时，也主要关心长时间酶解条件下底物的最终转化率，而不是反应初速度。

里氏木霉是怎么获得重视的？

1973 年，中东石油输出国对西方发达国家实行石油禁运，美国陷入石油危机。由于乙醇可以作为汽油的替代品，Mandels 领导的实验室此时将研究转移到利用农业废弃纤维材料酶解发酵生产乙醇上来。为了降低乙醇的生产成本，他们需要纤维素酶产量更高的菌株。

20 世纪 70 年代后期，Douglas E. Eveleigh 的实验室对 QM6a 进行紫外线和化学试剂诱变处理，先后筛选了多达 80 万个菌落，获得了具有抗阻遏产酶能力的突变菌株 NG14 和 Rut-C30。Rut-C30 等菌株后来在世界范围内得到了广泛的应用，生产出的纤维素酶被用于饲料、食品等领域。

知识拓展：研究人员是如何筛选出高产菌株的？

Douglas E. Eveleigh 到罗格斯大学工作后，与女科学家 Bland S. Montenecourt 一起开发了更为有效的菌株筛选方法：在纤维素琼脂平板上加入 5% 的碳分解代谢阻遏物甘油，挑取在这种营养丰富的条件下仍然能够降解纤维素产生**透明圈**的菌落，所获得的抗阻遏突变株即具有高产纤维素酶的能力。

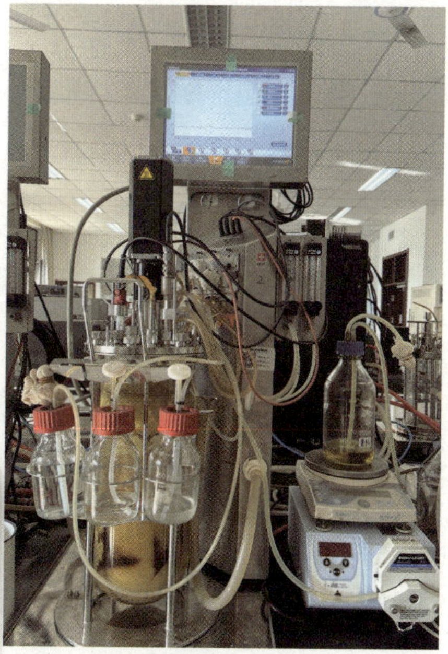

山东大学微生物技术国家重点实验室的研究人员使用里氏木霉突变株生产纤维素酶（摄影：张政）

安能辨我是雄雌?

很多真菌存在无性和有性两种繁殖方式。有性繁殖方式增加了后代基因的多样性，一般认为有利于推动物种的进化。虽然真菌不具有动物那样的性染色体，但它们的基因组上存在专门控制“性别”的 DNA 片段，称为交配型座位（mating type locus）。在酵母双杂交实验中，常常通过将 a 和 α 两种交配型的单倍体菌株进行交配，获得二倍体菌株。

QM6a 在实验室培养条件下一直过着无性繁殖的“单身汉”生活。20 世纪 90 年代末，欧美多家单位的真菌分类学者通过对核糖体 DNA **内转录间隔区**（ITS）等序列测定比较发现，QM6a 的序列与多株红褐肉座菌（*Hypocrea jecorina*）的序列完全相同。也就是说，里氏木霉和红褐肉座菌实际上很可能是同一种。

形成绿色毛绒菌落的里氏木霉为何会跟红褐肉座菌扯在一起?

真菌分类学家应该不会为之感到惊讶。木霉属和肉座菌属分别于 1794 年和 1825 年被命名，后者能够产生子囊孢子，因其子座（容纳子实体的褥座）呈肉质而得名。早在 19 世纪后期，法国真菌学家 Louis René Tulasne 等人已经发现，绿色木霉和红棕肉座菌（*Hypocrea rufa*）实际是同一种真菌的无性繁殖和有性繁殖阶段。因此，木霉和肉座菌的联系实属正常。正如毛毛虫和蝴蝶一样，尽管形态差别很大，但它们的确是一种生物。

里氏木霉和红褐肉座菌配对成功了吗？

红褐肉座菌是早在 1873 年就已被发现的物种，真菌学家收集的菌株很多，是一个“大家庭”。QM6a“认祖归宗”以后，研究人员开始为它“操办婚事”。奥地利维也纳工业大学的 Monika Schmoll 等人在通过序列分析确认 QM6a 的交配型为 *MAT1-2* 以后，将它与相反交配型的 *MAT1-1* 型红褐肉座菌菌株接种到一个平板上，发现它们真的“相爱”了，在接触界面上产生了褐色的子座和杂交后代。

不仅 QM6a 能进行有性生殖，饱经诱变沧桑的 QM9414、Rut-C30 等纤维素酶高产菌株也保留了这一能力。这是一个好消息，意味着纤维素酶生产菌株的选育可能通过类似农作物育种的杂交方式来进行。

获得的这些高产菌株后代之间可以继续杂交吗？

还不行，所有的工业高产菌株都来自 QM6a，都是 *MAT1-2* 交配型。如果要让它们杂交，只能首先人为修改某一方的“性别”。Schmoll 等人将 QM6a 的 *MAT1-2* 型座位序列替换为 *MAT1-1* 型，这株菌果然变得能与 *MAT1-2* 型红褐肉座菌交配，但很可惜的是不能与原来的 QM6a 菌株交配。这一结果显示，QM6a 属于不能产生“雌性生殖器官”子实体的雌性不育（female sterile）菌株。后来，同在维也纳工业大学的 Rita Linke 等人找到了 QM6a 雌性不育的原因——一个关键基因 *ham5* 因为内含子剪接位点突变而被严重截短了。转入正确的 *ham5* 基因后，QM6a 只需替换一下交配型座位序列，就可以与“变性”前的自己交配。也就是说，从 QM6a 出发得到的不同高产菌株之间终于可以进行杂交育种了。

雌性或雄性不育突变体无法自交的特点使它们在农作物育种中具有重要意义。在袁隆平先生研制的三系杂交水稻中，花粉发育异常的雄性不育株“野败”起到了关键的作用。

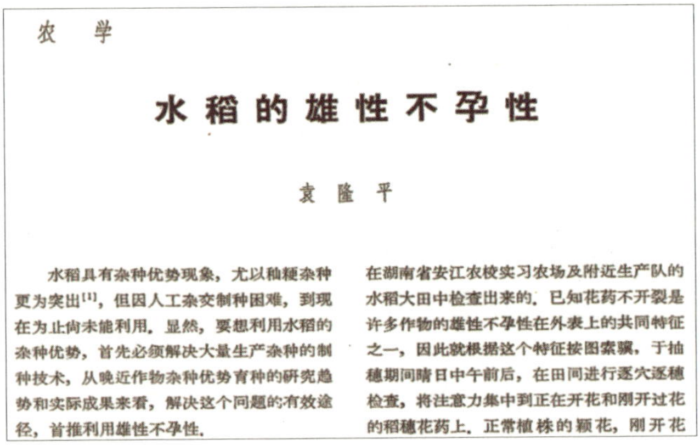
农 学

水稻的雄性不孕性

袁 隆 平

水稻具有杂种优势现象，尤以籼粳杂种更为突出[1]，但因人工杂交制种困难，到现在为止尚未能利用。显然，要想利用水稻的杂种优势，首先必须解决大量生产杂种的制种技术，从晚近作物杂种优势育种的研究趋势和实际成果来看，解决这个问题的有效途径，首推利用雄性不孕性。

在湖南省安江农校实习农场及附近生产队的水稻大田中检查出来的。已知花药不开裂是许多作物的雄性不孕性在外表上的共同特征之一，因此就根据这个特征按图索骥，于抽穗期间晴日中午前后，在田间进行逐穴逐穗检查，将注意力集中到正在开花和刚开过花的稻穗花药上。正常植株的颖花，刚开花

袁隆平于 1966 年发表了关于三系杂交水稻构想的论文

知识拓展：“野败”的来历

野败，野生的雄性败育稻。1970 年，袁隆平先生在海南找到一株不育野生稻，将其命名为“野败”。水稻雄性不育系是一类特殊的水稻类型，其自身花器中，雄性器官发育不完善，不能形成正常的花粉，雌性器官发育正常，因而不能自身繁殖，需要借助于外来水稻花粉才能结出种子。于是人为地将栽培稻的雄蕊花粉与野生稻的雌蕊结合，它们的“私生子”就是人们要找的杂交水稻。所谓“三系法”，就是培养三个系列——不育系、保持系、恢复系。水稻雄性不育系与水稻雄性不育保持系杂交（接受后者的花粉），得出的种子下代种植仍然是不育系。水稻雄性不育系与水稻雄性不育恢复系杂交（接受后者的花粉），得出的种子下代种植就是一般意义上的杂交稻种子，也就是农民大面积生产使用的种子。

同时存在无性和有性繁殖生活阶段，从名称上二者该如何区分呢？

的确出现过混淆。按照国际植物命名法规（International Code of Botanical Nomenclature），对于同时存在无性和有性繁殖生活阶段的真菌，应当以有性型名称为标准种名，因此，很多研究人员遵循这一规则，开始将QM6a等里氏木霉称为红褐肉座菌（*Hypocrea jecorina*）。然而，很多应用微生物研究人员仍然习惯使用里氏木霉（*Trichoderma reesei*）这一名称。随着类似的问题越来越多，2011年，真菌分类学者在荷兰阿姆斯特丹讨论并通过了新的命名原则，即一种真菌应当只有一个名称，从无性型和有性型名称中任选其一。木霉/肉座菌专门委员会组织了一次投票，结果选择支持*Trichoderma*作为属名的有54人，支持*Hypocrea*的有22人。因此，从2013年1月1日起，不管是QM6a还是曾经被鉴定为红褐肉座菌的菌株，都只使用一个名称——*Trichoderma reesei*（里氏木霉）。

基因编辑时代，为里氏木霉的研究与应用带来了哪些机遇？

人们对里氏木霉的研究历史已有70余年，一代代科学家的艰苦奋斗让这株从太平洋战场上分离出来的“破坏帐篷的真菌”变成了为人类服务的细胞工厂。2013年，**CRISPR/Cas9 基因编辑技术**在动物、植物、酵母改造中的成功应用陆续发表，成为生物医学领域最大的热点之一。丝状真菌研究人员也很快开展了相关的研究。2015 年初，中国科学院植物生理生态研究所周志华研究员实验室发表了里氏木霉的 CRISPR/Cas9 基因编辑研究成果，实现了 3 个基因的置换，这也是 CRISPR/Cas9 基因编辑技术在丝状真菌应用方面的首次报道。

与传统的遗传操作方法相比，基因编辑技术具有多基因同步操作、不留痕迹等多种优点。因此，基因编辑技术建立以后，丝状真菌的菌株改造工作进入了快车道。周志华研究员实验室的邹根等人通过多轮基因编辑，得到了缺失 11 个胞外酶组分的里氏木霉菌株。他们尝试将人血清白蛋白在新菌株中进行了表达。或许有一天，临床患者输入的白蛋白不再需要从血浆中提取，而是来自发酵罐中的里氏木霉。展望未来，里氏木霉的“奇妙之旅”或许才刚刚开始。

第6节 爱“吃”油的微生物
——解脂耶氏酵母

在我们日常生活中，除了那些用来做面包、蒸馒头的酵母，还有一种酷炫的酵母——解脂耶氏酵母。它不仅能“消化”油脂，还能自己制造油脂。更厉害的是，它可以生产出一种叫作赤藓糖醇的甜味剂。解脂耶氏酵母真可谓工业生产的“多面手”。

人们爱吃油炸类食品，微生物也爱吃吗？

就像我们喜欢吃油炸食品一样，有一种酵母菌也特别爱“吃”油脂，叫作解脂耶氏酵母，它从奶酪等发酵乳制品、肉类与家禽及含油环境中分离出来，因此具有高效的油脂降解能力。

解脂耶氏酵母可以合成16种脂肪酶，用以分解细胞内和细胞外的油脂，还能分解脂肪酸、甘油三酯、烷烃、烯烃等有机高分子，处理被石油污染的土地和水体，连废弃的食用油、动物脂肪也能成为它的营养来源，实现油污治理、废物再利用的目标。20世纪50年代，英国石油公司曾用这种酵母从原油中生产单细胞蛋白。

不光如此，解脂耶氏酵母还是个产油高手，它利用葡萄糖等原料产生大量的油脂，含量甚至超过自身细胞干重的80%，是个名副其实的“小胖子”。

我们是如何利用它的产油功能的呢？

经过改造的解脂耶氏酵母可以生产形形色色的油脂类化合物，甚至可以产鱼油！鱼油富含DHA（二十二碳六烯酸）和EPA（二十碳五烯酸），分别是“脑黄金”和“血管清道夫”，有助大脑发育和清除血管中的“杂质”。美国杜邦公司通过大规模代谢工程改造，利用解脂耶氏酵母生产 EPA，已将其作为保健品开发。

近年来，人们对资源与环境问题的日益关注，利用微生物生产脂肪酸及其衍生物以代替传统化石和动植物来源的相应产品，是一种实现绿色、可持续制造的重要途径。利用解脂耶氏酵母等微生物生产脂肪酸及其衍生物，可以用于生产航空燃油、增塑剂、润滑剂和食品添加剂等。

哪些食品添加剂有它的参与呢？

你爱喝“零糖、零脂、零卡”饮料吗？这种饮料既好喝，又让人没有发胖的压力，令人爱不释手。好喝的奥秘就在甜味剂上。作为新型天然甜味剂之一的赤藓糖醇，与蔗糖的甜味特性十分接近，具有甜度低、热值低、长期食用不易蛀齿、食用后不易引起人体的血糖波动等特点，是一种广泛应用的甜味剂，可用于食品、饮料等。

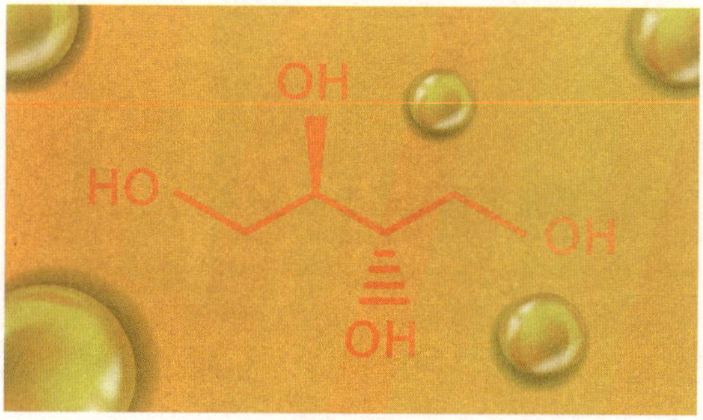

赤藓糖醇分子式

解脂耶氏酵母可是个生产赤藓糖醇的高手，在高糖、高渗透压条件下，解脂耶氏酵母经过发酵生产出的赤藓糖醇，添加到饮料、酸奶等食品中，不仅健康，还改善了食品的口感。

工业生产方面，解脂耶氏酵母有哪些用途？

解脂耶氏酵母的代谢途径独特，与产酒的酿酒酵母不同，其碳源（主要指葡萄糖等原料）主要进入三羧酸循环用于呼吸，不会发酵产生乙醇，可以避免发酵过程中乙醇积累对产物的影响。在三羧酸循环的驱动下，解脂耶氏酵母产生柠檬酸、α-酮戊二酸等大量有机酸，是具有潜力的有机酸生产菌。

解脂耶氏酵母可以生产哪些有机酸？

例如，柠檬酸就是一种重要的有机酸，在食品工业领域应用广泛，可用作酸味剂、增溶剂、缓冲剂、抗氧化剂等。柠檬酸全球市场规模超过 200 万 t，预计到 2030 年，规模将达到 62.8 亿美元。20 世纪 70 年代，辉瑞公司开始驯化解脂耶氏酵母，并应用于柠檬酸的工业生产，该技术在 20 世纪 90 年代被美国 Archer Daniels Midland（ADM）公司购得并使用至今。随着环保要求的提高，解脂耶氏酵母还能用来合成很多其他重要的有机酸，例如用

于制造可降解塑料的丁二酸等。山东大学微生物技术国家重点实验室致力于工程化改造解脂耶氏酵母，在不需要加碱中和的条件下，实现了丁二酸的高效生产。

此外，近年来，解脂耶氏酵母因其独特的代谢特征，被改造成特定的微生物细胞工厂，制造食用色素、乳制品、保健品、化妆品等的原料。比如，它是生产类胡萝卜素的优良微生物，可以生产 β－胡萝卜素、番茄红素、虾青素等多种重要的食用色素，这些色素让我们的食品变得多姿多彩。

第三章

古微生物有话说：
来自 30 亿年前的温馨提示

历史遗迹中，除了古人类和古动植物，还有数不清的微生物，也就是古微生物。它们中的一部分曾在人类历史上掀起惊涛骇浪，其余大部分则只是默默无闻地生存在这颗星球上。研究古微生物对当今科学发展有哪些助益？当前新兴技术的应用又为古微生物学研究提供了哪些可能？

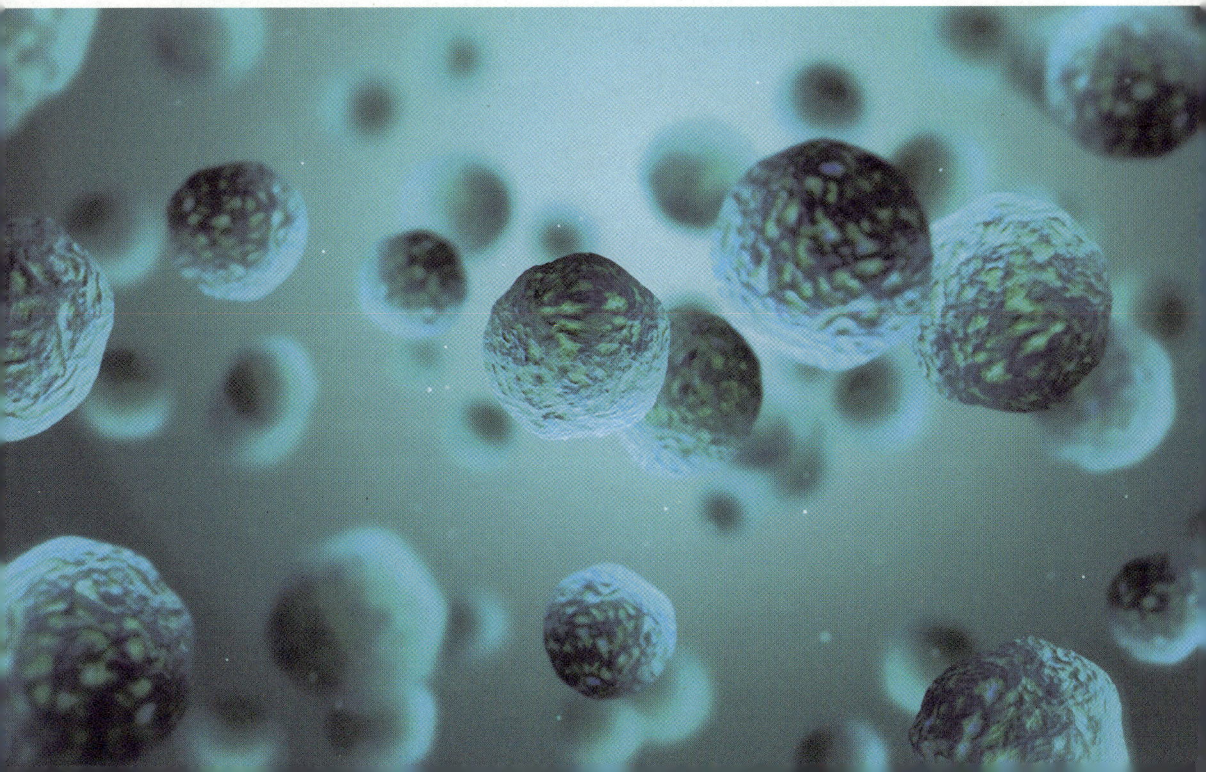

第1节 迄今为止，古微生物告诉了我们什么

一些已被深入研究的古代病原体，如结核分枝杆菌和麻风分枝杆菌，几千年来一直困扰着人类。研究微生物的致病性、起源、系统地理学和进化历程的相关信息，对于了解这些病原体与人类和动物相互作用的机制至关重要，同时也有助于寻找新的医疗方法。

《科技日报》报道过一则新闻，在美国五角大楼的建材——鲕粒石灰岩中发现了一种矿化微生物，距今已有3.4亿年，“比恐龙还古老”，究竟有多古老？

说起恐龙来，大家总觉得是远古时期的物种，已经灭绝了很久，其实，论古老，怎么也轮不上以恐龙为参照。因为先有原核生物，才有爬行动物，恐龙的生存年代距今只有两亿多年，而最古老的微生物却有 30 多亿年。

知识拓展：鲕粒石灰岩什么样？

“鲕”是小鱼卵的意思，鲕粒石灰岩的颗粒因很像小鱼卵而得名。现代建筑之所以会用到鲕粒石灰岩，是因为它通常很厚很结实，适合宏伟的建筑。除了五角大楼，还有白金汉宫、圣保罗大教堂等世界闻名的建筑都用到了它。我国很多建筑也都用到了鲕粒石灰岩，比如一些风景区的牌坊、大广场竖立的盘龙雕花柱子。鲕粒石灰岩是以某一质点为“核心”一层一层沉淀形成的，对于它的形成目前存在两种假说：一种是无机论，一种是有机论。无机论认为，围绕着鲕粒中心质点的一层层沉淀，全部是化学沉淀，也就是无机物如碳酸钙等的沉淀；而有机论认为沉淀可能是微生物和化学沉淀交互形成的。在五角大楼建材中发现的矿化微生物为有机论提供了很好的证明。

五角大楼建材中的这些微生物当时可能在水生环境中，它们围绕着中心质点聚集，最终沉积矿化，有机质完全变成碳酸钙等无机物，经过千万年的积压成为鲕粒石灰岩。在现在的海底，仍然有这样的鲕粒存在。

伦敦圣保罗大教堂

"30 多亿年"是如何推算出来的?

对于古微生物的断定和古董鉴定虽然方法不同，但有异曲同工之处。古微生物学家通过化石标本可以基本判断它的年代，或者通过判定和它共生的其他化石或矿物成分年代来进一步推算，还可依据地质年代表，它是由世界各国的学者通过放射性同位素、天文旋回等不同的科学方法完成的时间图谱，以百万年为基本单位，经过不断的丰富充实校验形成的"工具表格"。

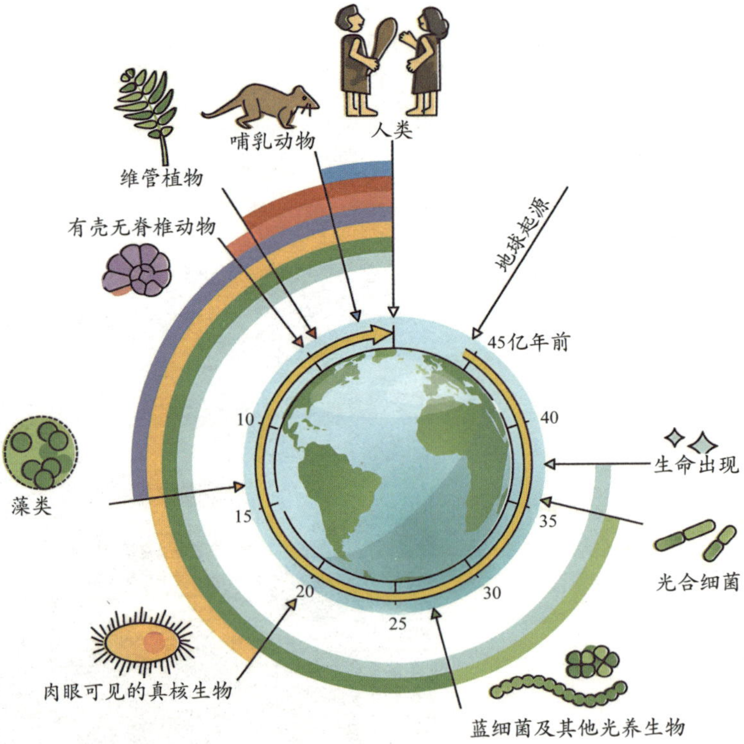

地球生命起源时间表

为什么要研究古微生物？

古微生物提供了有关病毒、抗生素抗性、**腐生菌**和病原体的进化，以及古代健康和疾病状况、文化习俗、饮食习惯和历史事件的相关信息。这些信息已经成为理解动物和人类群体的起源和进化、文化、饮食和古代疾病的基础。例如，结核分枝杆菌感染在过去很普遍，并且近年来又在全球范围内卷土重来。因此，理解它的起源和基因组进化非常重要。

疾病方面，古微生物是如何向我们传递信息的？

从动物和人体样本中分离出来的病原微生物，可以提供目标微生物的起源、致病性和进化历程等相关信息，这一过程也被称为疾病的回溯诊断（retrospective disease diagnosis）。古代人类传染病相关的流行病学研究可以提供当时的人口密度、卫生条件和相关人群的营养状况等重要信息。

一些已被深入研究的古代病原体，如结核分枝杆菌、麻风分枝杆菌和梅毒螺旋体（分别是结核病、麻风病和梅毒的病原体），数百年至几千年来一直困扰着人类。在世界各地发现的古代骨骼遗骸中都曾检测到这些病原体的DNA。

结核分枝杆菌的发现最早可以追溯到什么时候？

DNA和生物标记物研究表明，结核病已经困扰了人们4000多年，在古埃及、古罗马和前哥伦布时代美洲的化石样品中均有发现。早期研究显示，结核分枝杆菌可能起源于欧洲，也可能是远东地区，最初是一种与牛相关的病原体，后来转变成以人类为宿主的病原体。在北美一个距今超过17 000年的洞穴中的一头长角野牛的骨骼中，检测到了结核分枝杆菌复合群的DNA，进一步证实了穿越白令海峡迁徙的被感染的牛可能是该病在美洲的源头这一假说。然而，在将野牛结核菌株与9000年前的人类结核菌株进行系统发育学比较研究后，研究者们认为，人类结核分枝杆菌的产生可能早于牛结核分枝杆菌（*Mycobacterium bovis*）。

麻风病数百年来也一直困扰着人类，它最早可以追溯到什么时候？

麻风分枝杆菌引起的麻风病，也被称为汉森病（汉森是挪威的一位医生，于1873年首次发现麻风分枝杆菌）。事实上，尽管目前针对麻风病的多药治疗手段取得了成功，但世界卫生组织2013年的统计数据显示，全球登记的该病病例仍有189 018例。

由麻风分枝杆菌在骨骼残骸中检出率的增加可以推断出，该病原体在14~16世纪在欧洲大陆广泛传播。迄今为止检测到的最古老的麻风分枝杆菌DNA可能来自印度4000多年前的骨骼遗骸。系统发育学研究显示，美洲麻风菌株起源于欧洲，而整个旧大陆麻风分枝杆菌的流行病学、地理起源和分布仍处于研究之中。研究还表明，与其他分枝杆菌类似，麻风分枝杆菌最初可能是自主生活的，在经历了一个可能使其基因组有所缩减的“瓶颈”事件后，成为目前在人类和野生犰狳体内的专性细胞内致病的状态。

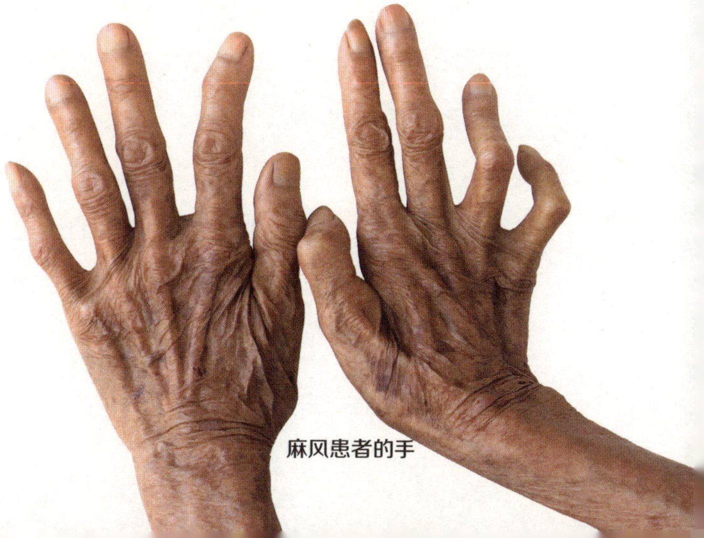
麻风患者的手

再说说另一个古人类病原体的例子——梅毒螺旋体。

关于梅毒螺旋体（*Treponema pallidum*），虽然科学家们对它的研究不像对结核分枝杆菌和麻风分枝杆菌那样深入，但其可在骨骼残骸上留下明显的损伤，被称为干性骨疽。梅毒螺旋体是导致梅毒、**雅司病**（yaws）、**品他病**（pinta）和**地方性梅毒**（endemic syphilis）等密螺旋体疾病（后 3 种均非性传播疾病，由梅毒螺旋体亚种引起）的病原体。

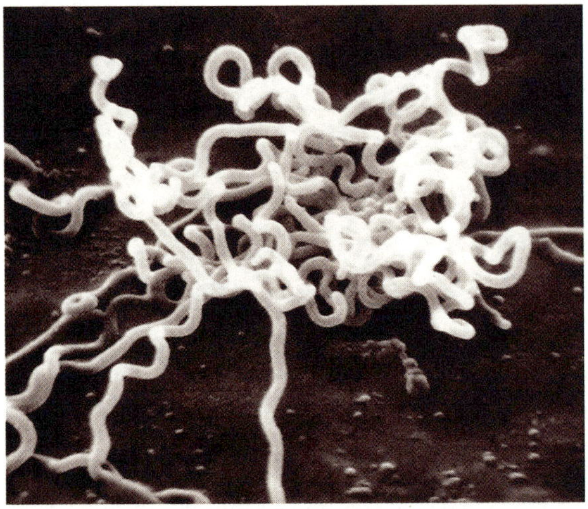

梅毒螺旋体

它起源于哪里？

多年来，关于现代梅毒菌株的历史和起源问题一直深陷争议，至今仍是古微生物学和现代医学中最大的谜团之一。关于其起源的理论包括哥伦布假说和前哥伦布假说。

知识拓展：两种起源理论

哥伦布假说认为，密螺旋体病起源于美洲，并随着哥伦布的回归而被带到欧洲；前哥伦布假说认为，不同的梅毒螺旋体菌株与全球不同的文明一起进化，但该病经常因误诊而未被记录。

最初，前哥伦布时代的欧洲骨骼残骸几乎没有有千性骨疽的样品，而美洲的梅毒阳性样本却很丰富，包括前哥伦布时代安的列斯（Antilles，美洲加勒比海中的群岛）土著中的密螺旋体样病变。因此，人们相信梅毒起源于新大陆，并且是在与美洲接触后被带到了欧洲。然而，在骨骼考古学研究中，研究者在前哥伦布时代来自以色列和欧洲的颅骨及18世纪奥地利的牙齿中均发现了密螺旋体样病变，从而支持了前哥伦布假说。这表明梅毒可能早在哥伦布前往新大陆之前就已经出现于东半球，但当时几乎没有人注意到。这可能是当时梅毒毒性较低或医生误诊所致。雅司病、地方性梅毒和梅毒引起的病变具有相似的形态，甚至经受过专业医学训练的人也可能混淆。因此，骨骼考古研究应包括微生物古遗传学和免疫学测试等分子分析。有趣的是，一些人认为，基于这种病原体的流行病学，在感染发生的多年之后，从梅毒病原微生物中检测出古DNA是不可能的，不过，需要通过进一步研究来确定这一说法是否正确。

还有哪些疾病也源于古代？

鼠疫耶尔森菌（*Yersinia pestis*）被证实是6~8世纪**查士丁尼瘟疫**的病原体，推测它从亚洲经过阿尔卑斯山到达欧洲并广泛传播。此外，欧洲黑死病（Black Death，14世纪中叶散布于欧亚大陆，据估计导致7500万人死亡，是人类历史上最严重的瘟疫之一）病原体基因组的重建结果表明，现代流行的鼠疫耶尔森菌菌株可能来源于 14 世纪病原体的变种。

这些观察结果显示了古 DNA 的**系统发育分析**是如何揭示可能的进化过程并帮助阐明疾病迁移模式的。

研究这些古老病原体的传播，对于当前医学发展有什么帮助？

研究这些古老病原体的传播和宿主 – 微生物共进化，对于了解这些病原体与人类和动物相互作用的机制至关重要，同时也有助于寻找新的医疗方法。例如，从环境和动物古 DNA 研究中获得的信息，有助于研究在抗生素广泛使用之前的基因组进化与组成。例如，抗生素耐药性长期被认为与近年来抗生素的使用有关。然而，古 DNA 研究表明，抗生素耐药性并非现代特有，也不局限于临床环境。要确定抗生素耐药基因在环境中的作用机制，以及天然来源的抗生素分子能否促进细菌获得抗性基因，仍需开展更多研究。

除了关注古代人类病原体，古微生物学还关注什么？

除了古代人类病原体，古 DNA 研究已开始关注腐生微生物及保存在古代样本中的整个微生物群落。例如，研究者对 3 万年前的**阔口罐病毒**进行的古 DNA 和形态学研究发现了现代潘多拉病毒（*Pandoraviruses*）与腺病毒的一系列杂交特征。然而，这些遗传事件是如何和何时发生的仍然未知。古微生物学也有助于确定现在的细菌菌株是如何获得真核特性的，例如双膜**细胞区室化**、**内吞作用**（见于隐球出芽菌，*Gemmata obscuriglobus*）及**微管**的存在。

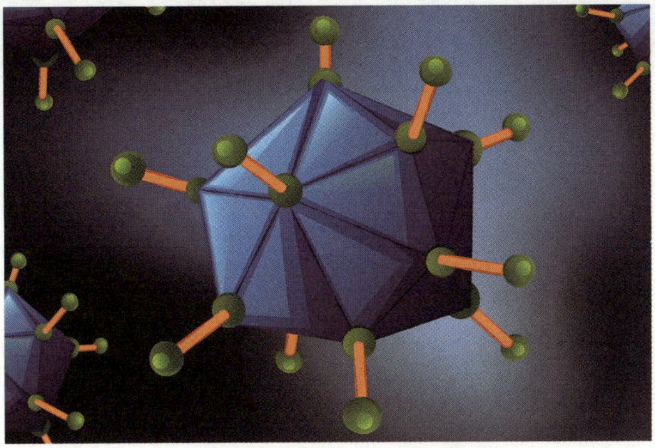

呈二十面体立体对称的腺病毒

为什么粪化石能揭示古代文化习俗？

现代人类微生物群的组成表明，肠道微生物菌群可能受到文化的影响，因而随地理位置不同而有所不同。文化不仅影响饮食，也影响肠道微生物的组成。这些发现为理解古代饮食如何影响粪化石的微生物组成提供了基础，从而能够揭示不同地区（乃至共同居住在同一地区的不同人群）的文化差异。了解古代文化主要依赖于考古文物，但粪化石的微生物组成能够支持已有的考古数据，为利用古微生物学研究古代文化遗产提供了机会。事实上，古微生物学研究的未来可能包括更多的跨学科方法，结合考古学、人类学、古地理学、古植物学和古动物学的元数据，才能够更好地了解标本的历史。

第2节 从古代标本中发现的微生物是不是现代污染

对古代微生物的研究，多年来在充满吸引力的同时也经受了质疑。与动植物相比，古微生物的检测和研究更具挑战。

现代生物学技术为古微生物学研究带来了哪些好处？

虽然古微生物学并不是一个新的领域，但 DNA 测序等新兴技术的应用是至关重要的。核酸研究和现代测序分析为了解微生物基因库和基本细胞过程提供了新的视角，是微生物学研究的支点，特别是对古 DNA 的分离和测序越来越重要，因为其结果能阐释基因的进化过程，我们才得以窥见可能的 DNA 留存机制。对古 DNA 的研究并不局限于灭绝的动物和植物，它适用于保存在古代标本中的任何生命形式，包括微生物。

古微生物学研究经受了怎样的质疑？

20 世纪 20 年代，包括 Chas B. Lipman 在内的研究人员从数百万年前的煤炭中分离出了微生物。Lipman 也是最早指出微生物可能存在休眠(或称"蛰伏")状态的人之一，这使得对古微生物的分离成为可能。虽然 Lipman 的结论源于他细致的微生物分离操作和严格的对照实验，但当时人们对微生物能够保存数千年的能力持怀疑态度，多数人认为古代文物中发现的微生物是现代污染的结果，因此当时古微生物学没有被公认为一个真正的科学领域。

说来也是，在当时的确很难证明无处不在的微生物是来自古代还是现代污染的结果。

如今，古微生物学研究基于严格的无菌措施和实验对照，科学意义不断增强。例如，永久冻土、深层陆地、海洋次表层、粪化石已被用来研究包括古代细菌、古菌、真核生物和病毒在内的整个古代微生物群落。

古 DNA 研究中主要存在哪些问题？

首先要解决的就是 DNA 产量低和现代污染物的问题。古 DNA 研究，包括微生物来源的古 DNA 研究，主要问题之一在于 DNA 分子本身容易因水分和化学反应而迅速降解，因而产量非常低。常见的解决方式包括使用糖原和乙醇沉淀法浓缩 DNA，或在测序前加入一个预扩增步骤。但是，以上方法也可能增加现代 DNA 污染的风险。因此，合适的工作条件和测序后对古 DNA 的鉴定在古微生物学中至关重要。

如何消除所有污染源？

为了消除所有污染源，古 DNA 的分离等相关实验必须在一个适当的区域进行，并且应使用指定的、仅能在该区域使用的试剂和设备。一般来说，古 DNA 研究中的样品处理步骤和防范措施与法医实验室中的类似。

怎么排除实验人员污染样品的可能？

在进行分子人类学研究时，我们需要采取额外的防范措施。例如，应获取处理化石实验人员的 DNA，以对样本上的现代 DNA 污染进行筛查。此外，各种鉴别对照对于验证研究结果是必需的。

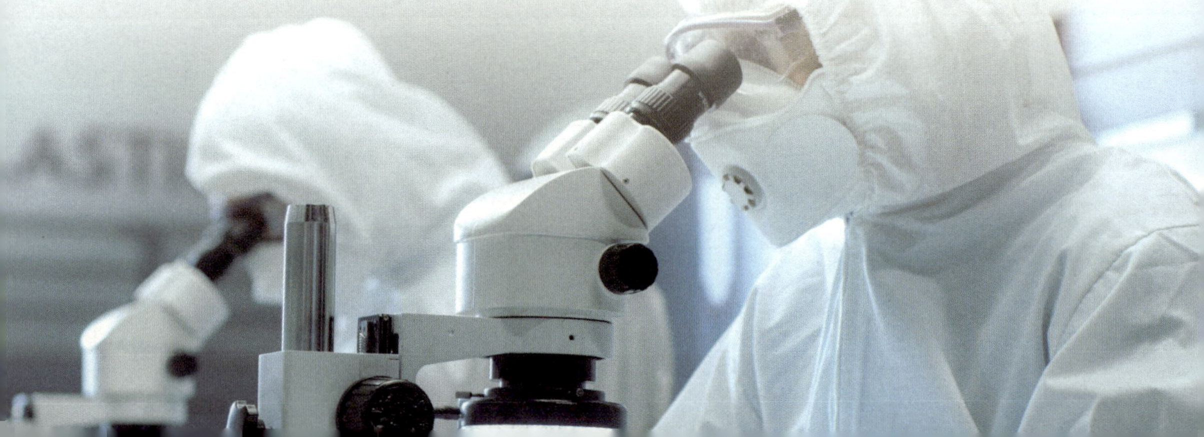

古DNA最长可以留存多久？

一般认为，真核细胞DNA在化石中的半衰期小于600年。然而，有研究从动物和人类样本中获得了距离现在已经有10 000多年的古DNA。自然环境中DNA的降解是由一系列的酶和非酶过程介导的，包括水解、糖基化和甲基化。从所得样本来看，原核生物的DNA似乎对降解更有抵抗力。研究表明，在适合长期保存的环境中，微生物的DNA可以追溯到近40万年前。这些环境的主要特点是没有可用的水分子，因此减缓了去嘌呤化等酶驱动的过程，从而在更长的时间里保持了DNA分子的稳定性。

知识拓展：还有哪些因素可以减缓DNA降解速度？

除了水的因素，原核生物的一些固有特性也可以较大程度地保护DNA不被降解。

人们普遍认为，保存在休眠或死亡的微生物细胞内的DNA比裸露的DNA更难以被降解。并且，微生物细胞膜的组成对其基因组的死后保存起着关键作用。例如，富含分枝菌酸（一种长链羟基脂肪酸）的膜，如分枝杆菌的细胞膜，被酶促降解的可能性较小。

此外，某些特定脂质，如糖醚类脂质和藿烷类（hopanoids），与其他脂质相比具有更强的抗降解性。藿烷类化合物是存在于细胞质和膜的五环三萜类脂质，常见于某些好氧和厌氧细菌，而真核生物或古菌中没有这类成分。这类脂肪酸的藿烷碳骨架具有高度的抗降解性。

DNA本身也具有对抗降解的保护机制。高**GC含量**的基因组，如放线菌的基因组，比同类基因组更稳定，更难以被降解。

古代微生物 DNA 可以保存在哪些环境中？

对古代标本的分子研究表明，细胞内的 DNA 可以在特定的环境条件下长时间保存。快速冷冻和快速脱水是保存有机物最常见的埋葬条件（即引起石化的条件）。迄今为止，已经从各种类型的样品中分离出了古微生物 DNA，包括永久冻土、岩盐、琥珀等。

据新闻报道，保存在西伯利亚永久冻土中的 3 万年前的西伯利亚阔口罐病毒样本被研究人员复活，为什么它休眠这么久仍具有感染能力？

西伯利亚阔口罐病毒是迄今为止人们分离出的最古老的真核细胞病毒。化石冰和永久冻土的深层地层是利于古代微生物和古 DNA 保存的环境代表。在这些生态系统中，持续的低热能和水的低可用性使酶解等代谢活动难以进行。为适应这些环境，微生物可能会被诱导进入休眠状态以实现长期生存。

这一发现具有什么意义？

对古代永久冻土中微生物群体的研究，对于确定微生物群落在这些生态系统中生存数千年的机制很重要。此外，**冷适应蛋白**和**冷休克蛋白**的古代变体，以及微生物生命活动的其他关键成分，也将提供关于微生物代谢过程进化和 0℃以下生存机制的宝贵信息。

还有哪些极端环境适合古代微生物生存？

高盐环境的生态系统也是古微生物的常见居所。这些微生物被夹在岩盐中，具体来说是盐水液滴中。此外，深海沉积物提供了寒冷、缺氧和无紫外线的环境，可能利于包括病毒在内的微生物的保存。

琥珀中常能见到远古生物，它的内部环境是怎样的？

琥珀也具有能够保存古代微生物的几个特性，例如低水活性。细菌细胞壁中存在的糖类可以防止脱水过程中的细胞损坏。琥珀中没有水，因此它是抑制酶进而保存包括 DNA 在内的细胞成分的理想环境。在琥珀形成的最初阶段，一些营养物质可以被细菌利用。被困住的细菌可以利用琥珀酸等化合物，直至进入休眠状态。这类化合物是一种潜在的宝贵资源，可以在短期内维持细菌的生长。目前，人们正在进一步研究从琥珀中分离出来的微生物休眠及在数百万年后复苏的具体分子机制。

琥珀中保存的微生物有什么特点？

许多从琥珀中分离出来的细菌都属于芽孢杆菌属（*Bacillus*）。因此，以前人们认为古代微生物中只有能形成芽孢的细菌可以生存，但后来研究者从距今 2300 万 ~3500 万年和 1.2 亿年的琥珀中分别分离出了革兰氏阳性葡萄球菌和微球菌（*Micrococcus* spp.）。更出乎意料的是，在距今 2500 万 ~4000 万年的琥珀中分离出了类似于短波单胞菌（*Brevundimonas*）的革兰氏阴性细菌。这表明，微生物具有一系列目前未知的可能与它们长期生存有关的机制。

古人类遗骸中保存了哪些古微生物？

人们从古人类的骨骼和牙髓、内脏及粪化石中都分离出了古微生物的 DNA。从古代骨骼和牙髓中回收的细菌通常与疾病有关。就骨骼样本而言，这可能是因为某些微生物在慢性感染期间可以诱发明显的病变，而由此产生的病理变化可以用来识别有潜在感染的人类学遗迹。通常情况下，受到磨损的骨头的位置和病变类型可以指示出特定的疾病，然而，即使是专业人士，往往也难以断定，因此有必要对诊断进行分子层面的验证。

古代牙齿的样本也很重要，因为大量的条件致病菌往往会在受感染宿主的牙髓中积累，从而保存在骨骼遗迹中。例如，有研究在古人类牙齿中检测到了鼠疫耶尔森菌和伤寒沙门菌（*Salmonella enterica* serovar Typhi）。

古人类遗骸的内脏呢？

如果保存得当，躯体组织可以提供大量关于标本的信息。例如，研究人员从一具距今1000~2000年的安第斯人木乃伊的内部器官组织中分离出了DNA。对来自木乃伊结肠的16S rRNA基因扩增子的序列分析中检测到了属于人类结肠微生物群中梭菌属（*Clostridium*）的几个种。

如何通过粪便来判断原始人类的饮食习惯？

粪化石是木乃伊化或石化的粪便，是古代微生物最丰富的来源之一。在干燥、寒冷甚至热带环境中都发现过粪化石。对粪化石的古寄生虫学研究可以从古代样本中分析出古代人类的饮食习惯甚至生活方式。尼安德特人曾被普遍认为是肉食性的，然而对粪化石的化学分析显示，尼安德特人的饮食来源也包括植物。

如何培养古微生物？

相比其他方法，微生物培养具有分离古代微生物并区分其代谢能力的优势。然而，培养古微生物是一项艰巨的任务，因为大多数微生物并不能在普通的实验室培养基中复苏。此外，实验设计应根据样本类型进行，同时考虑目标微生物和杂菌的生长。目前，科学家们已经成功地从史前琥珀和永久冻土样本中复苏了古微生物。

如何确定古微生物的种类？

在古微生物研究中，显微技术具有表征古代微生物形态的优势，且往往不需要在观察之前进行培养。该技术主要被应用于研究粪化石的寄生虫组成。对于在粪化石中发现的可疑物体，透射电子显微镜也有助于研究。值得注意的是，形态学和生物分子的相似性可能会导致鉴定错误，如对卫氏并殖吸虫（*Paragonimus westermani*）进行形态观察时，其卵的形态通常容易与阔节裂头绦虫（*Diphyllobothrium latum*）的卵形态相混淆。因此，推荐使用 PCR 等分子分析来验证，以获得更精确的鉴定结果。

对于基因序列高度近似的古代和现存细菌，用什么方法进行区分？

脂肪酸组成分析可用于比较 16S rRNA 基因序列高度相似的古代和现存分离物。该技术已被用于分析从古代琥珀和冰晶中分离出来的细菌，并成功地对具有相似 16S rRNA 的古代和现存的细菌进行了区分，包括苏云金芽孢杆菌（*Bacillus thuringiensis*）和球形芽孢杆菌（*Bacillus sphaericus*）。虽然不能用来估测细菌分离物的年代，但它的确是确认菌株之间差异的一种方法。脂肪酸组成研究依赖于活细胞膜中磷脂的普遍存在性，死细胞的细胞膜中的脂肪酸会迅速降解，因此该方法也可以应用于对样品中活体生物量的估计。

第四章

共生微生物：
重新定义“我”是谁

当你站在我的面前，你首先代表你自己，除此之外，你还代表着你体内数不清的“隐秘居民”。我们的身体是一个复杂的生态系统，它是否稳定决定着我们的身体是否能够长久地维持健康状态。

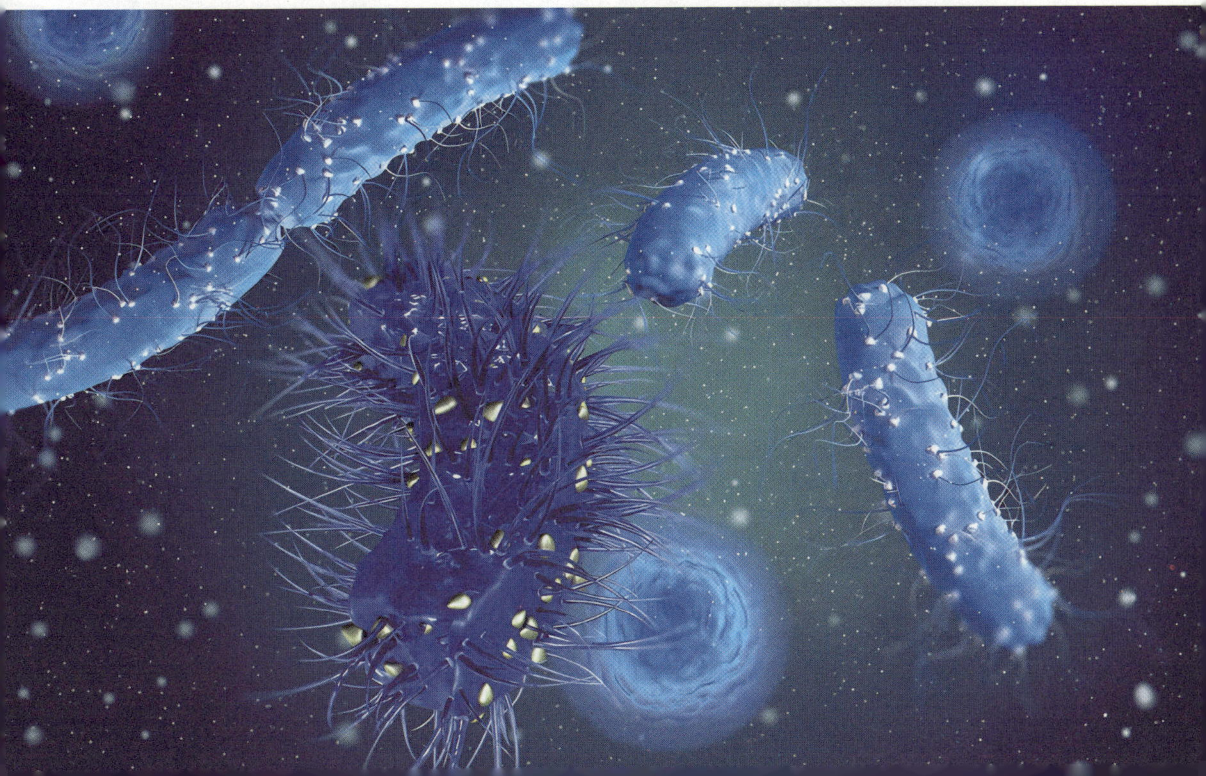

第1节 人选择微生物 还是微生物选择人

能在人体内定植的微生物，是人体和微生物双向选择的结果，二者相互看对了眼，才能最终走到一起。

为什么“我”不只是我？

微生物与人体共生的概念大家并不陌生，与人体共存的微生物有好的、有坏的，也有不好不坏的。它们虽然在肉眼下看不到，却广泛富集在人体的皮肤、口腔、呼吸道、生殖系统、消化系统等处。根据最新数据，人体内一共含有约100万亿个微生物细胞，数目是人源细胞的10倍。仅在肠道内生存的微生物细胞数目就有约10^{13}个，与人体细胞数目基本相当。也就是说，当你站在我的面前，你首先代表你本人，此外还代表着你体内数不清的“隐秘居民”。科学家目前将共生微生物形容为人体的“新器官”，而共生微生物的基因组则被称为人的“第二基因组”。

人选择微生物，还是微生物选择人？

不是所有的微生物都能在人体内定植，能进入人体并定居的微生物，一定不是等闲之辈。“物以类聚，菌以群分”，进化距离越近，人体内的菌群就越相似。人体内的菌和猫狗体内的菌是不同的，不同人体内的菌也是不一样的，但人类之间的菌群始终是最相似的。

能在人体内定植的微生物，是人体和微生物双向选择的结果，相互看对了眼才能最终走到一起。在相互选择的过程中，微生物需要通过人体的层层考验，比如以唾液和汗液中的抗菌物质、胃酸等为代表的化学考验，体内黏膜设置的物理屏障，以及免疫细胞的生物性杀灭，克服了这些，微生物才能在人体内定植下来。其实微生物也很挑剔，人体环境不适合生存时，它们也不会过多逗留。因此，这完全是一个双向的自由选择过程。

一个人体内的共生微生物会随时间变化吗？

从呱呱坠地的那一刻开始，每个人都不可避免地接触环境中的微生物，并逐渐拥有自己的共生微生物。共生微生物的结构会随着人体的发育而不断演化，一个人在婴儿、成年和老年阶段拥有不一样的共生微生物，但是在一定时间内，人体内的共生微生物是相对稳定的。

知识拓展：我们身上到底携带多少个细菌？

有研究统计过，一个 70 kg 的成年人体内约有 3.8×10^{13} 个细菌，总重量可达0.2 kg。它们无时无刻不参与着人体抵抗病菌侵入、合成必要的营养元素、消化食物等生命过程。

共生微生物的数量如此庞大，它们的基因在人体内占比多少？

人体内共生微生物的数量既然如此庞大，它们的基因信息肯定也远远多于人类本身。2000 年 6 月 26 日，参加人类基因组工程项目的美国、英国、法国、德国、日本和中国的六国科学家共同宣布，人类基因组草图的绘制工作已经完成，标志着人类基因组计划的成功实施。科学家从人类基因组的海量数据中发现，有大约 90% 的基因序列不属于人类，而是来源于微生物。如果按照编码的基因数量来计算，这些微生物所编码的基因数量是我们自身基因数量的 10~100 倍。因此，共生微生物对人体的影响必然是巨大的，只是人们以前并没有发现。

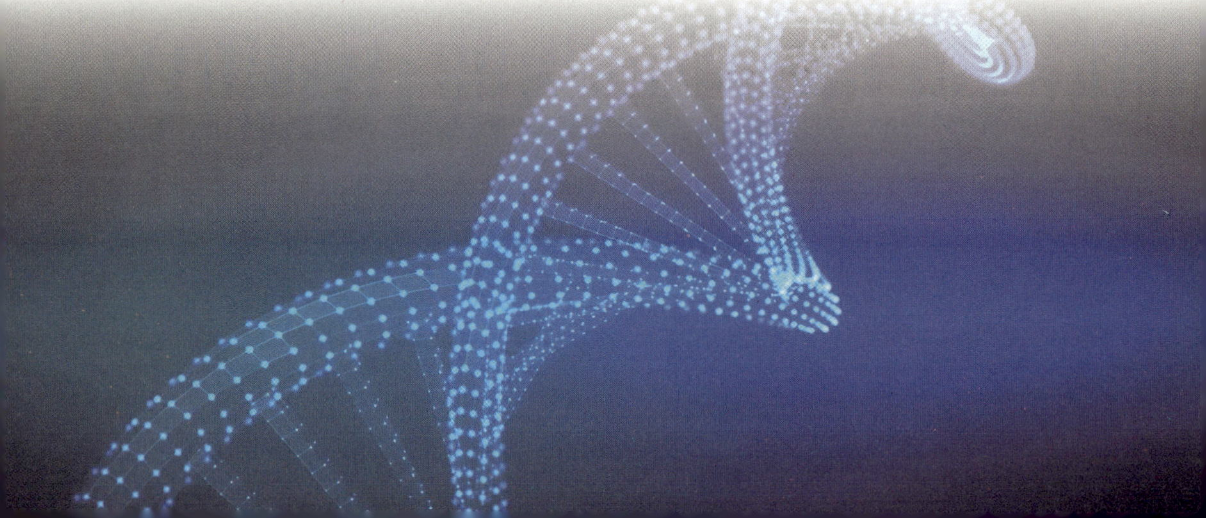

人类之间基因组相似度比较高，那共生微生物之间呢？

虽然人与人之间基因组的相似性高达 99.9%，但是人与人之间微生物组的相似性不足 10%，人类对与自己共生的微生物知之甚少。

知识拓展：什么是“人类微生物组计划”

人体内有两个基因组，一个是从父母那里遗传来的人基因组，编码大约 2.5 万个基因；另一个则是出生以后才进入人体、在肠道内有 1000 多种的共生微生物，其遗传信息的总和叫“微生物组”，也可称为“元基因组”，它们所编码的基因有 100 万个以上。

2003 年，人类基因组计划完成，但是许多科学家认识到解密人类基因组基因并不能完全掌握人类疾病与健康的关键问题，因为人类对自身体内存在的数量巨大、与人体共生的微生物菌群几乎一无所知。

于是，2007 年，一项更伟大的计划——人类微生物组计划启动，试图通过元基因组学方法研究人体内的微生物菌群结构变化与人体健康的关系。2007—2014 年，第一阶段的主要任务是分析身体五大部位的微生物群体，探究人体共生微生物群体与各部位疾病的关系；2014—2019 年，第二阶段的主要任务是探索微生物和人体之间的相互作用，包括免疫、代谢和分子的动态变化，探索微生物与疾病之间的深层机制，让我们对微生物和疾病的关系能够有更立体、更全面的认识；目前处于第三阶段，旨在统计出健康人群的共有物种、共有核心酶类和代谢通路等，定义健康的人类微生物组。

数量如此庞大的微生物群体，主要集中在我们身体的哪些部位呢？

人体微生物种类繁多，数量巨大，它们共同组成了人体微生态系统。由于受到繁多的内外因素的影响，人体微生物系统是一个非常复杂的系统，主要包括皮肤、呼吸道、消化道、尿道和生殖道 5 个微生态系统。各个部位的面积及微生物总共加起来约有 1.4 kg 重，种类见表 2-1。接下来，我们分别来了解一下人体内这 5 个微生态系统如何调节人体的健康状况。

表 2-1 人体各个部位面积及微生物种类

部 位	面 积	微生物种类 / 种
肠 道	300~400 m^2	1183~3180
口 腔	215 cm^2	600
呼吸道	160 m^2	314
皮 肤	1.8 cm^2	113
尿 道	350 cm^2	20~500
生殖道	90 cm^2	282

第2节 肠道微生态：肠脑和大脑，该听谁的

人类的肠道聚集着种类最全、数量最多的微生物，被称为“第二大脑”。近年来，人们发现，肠脑轴是一个充满奥秘和潜力的领域，它揭示了肠道微生物与神经系统之间的神秘联系，为我们更深入地了解情绪、行为和疾病的发生机制提供了更多可能。

人体哪个器官聚集的微生物种类、数量最多？

肠道。肠道是微生物的“富人区”，因为这里最宽敞，而且营养最丰富。肠道不仅是人体最大的消化吸收器官，同时也是第二大免疫器官，被称为人体的“第二大脑”，在保证营养吸收和维持免疫防御功能中都发挥着极其重要的作用。成年人的结肠容积大约是 0.4 L，展开表面积可达 400 m^2。这么广阔的空间，加上作为消化吸收器官而承载的丰富的营养物质，都为微生物特别是细菌的定植提供了绝佳的条件。

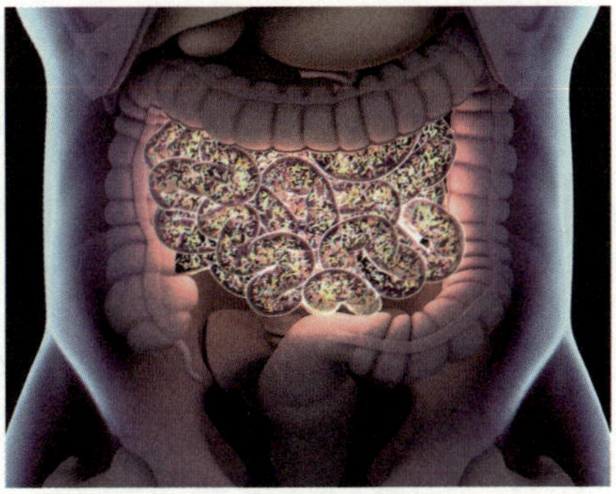
肠道微生物

肠道微生物占人体微生物的比重大概多少？

迄今为止的研究发现，以细菌为例，肠道细菌占人体微生物总量的 70% 以上，包括厚壁菌门（Firmicutes）、拟杆菌门（Bacteroidetes）等 30 多个细菌门，总物种数有 5000~6000 种。即使具体到个人，体内也有 200~500 种不同的肠道细菌。而这其中超过半数以上，或丰度较低，或较难培养，虽然通过现有的组学技术可以检测到，但却仍然无法获得它们的纯培养物。因此，通过培养组学技术对具体物种进行分离培养并研究它们的功能，就显得尤为重要。优化培养组学手段，持续获得更多的人体肠道微生物新菌种，是未来研究肠道微生物功能机制的先决条件。

肠道中的微生物，对我们的身体有什么帮助？

这些定植在人体肠道中的微生物共生体，除了能够帮助肠道消化食物、吸收营养，还参与调节人体的代谢、免疫，甚至神经系统信号传导，与人体健康息息相关。

越来越多的研究发现，一些疾病会受到肠道微生物的影响，这些疾病包括癌症、肥胖、糖尿病、非脂肪性酒精肝、肠易激综合征、自身免疫性疾病、自闭症、抑郁症等。学者不断提出“肠脑轴”“肠肾轴”“肠肝轴”等类似概念，说明肠道微生物与人体器官存在直接的信号传递。不同的肠道微生物可能给人体健康带来完全不同的影响。

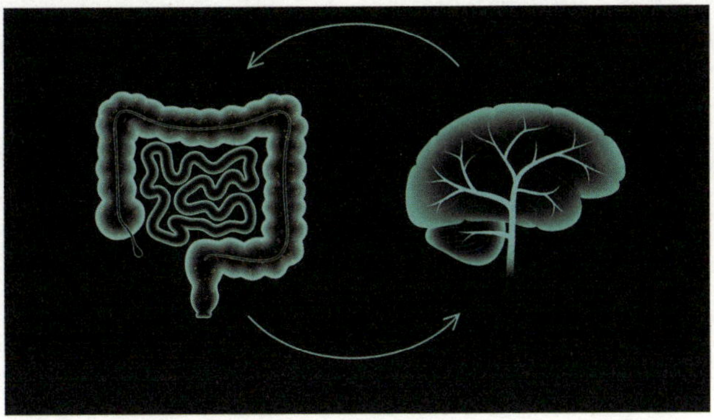

肠－脑

抑郁症也和肠道微生物有关？

是的，肠道微生物菌群有可能影响人的思想。研究人员收集了敲除抑郁症基因小鼠的粪便细菌，移植给抑郁症小鼠，发现抑郁症状明显改善。由此证明，使用这种特殊的小鼠肠道微生物群可以改善抑郁行为，对今后的微生物菌群操作和移植提供了临床研究基础。未来，这种粪菌移植的方法或可治疗抑郁症。科学家提出，在人体内存在一个肠脑轴，肠道菌群代谢物通过破损屏障、主动吸收等方式进入血液和淋巴循环，从而传递到大脑，影响人的思想和行为。

哪些因素会影响肠道微生态？

肠道微生态的影响因素有地域、宿主基因、出生及喂养方式、压力、饮食习惯及抗生素等药物使用。母乳喂养和奶粉喂养的小婴儿所拥有的肠道菌群显著不同。健康的肠道微生态环境中，短链脂肪酸浓度高，菌群代谢活性高，维持着低渗透压，肠道黏膜无损伤，屏障功能佳。一旦微生态失衡，病原菌快速增殖，肠道免疫稳态也被打破。

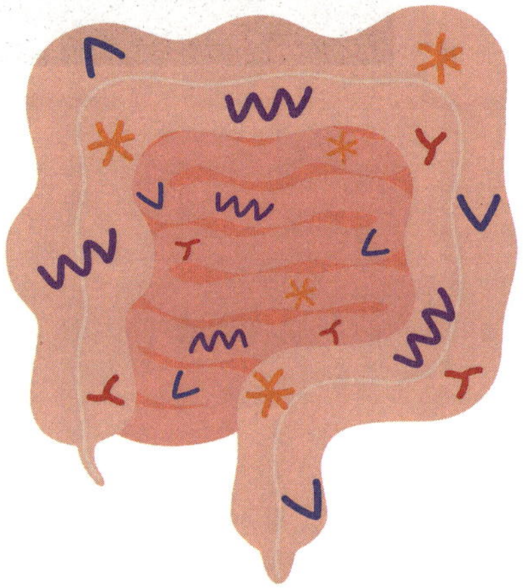

因此，维持健康稳定的肠道微生态，是保持人体健康状态的重要因素。一旦肠道菌群失调，微生态平衡被打破，就可能引发或加重一些疾病的症状。

微生物是如何进入人体肠道又定植在那里的？

其实，早在新生儿出生之前，母亲体内的微生物就通过子宫、脐带少量传递给胎儿。自然生产的方式，是婴儿早期获得肠道微生物的主要途径。通常情况下，自然分娩的婴儿比剖宫产生下的婴儿拥有更健康的肠道菌群。此后，婴儿也会通过进食母乳获取大量的早期肠道共生微生物。研究发现，母乳中含有双歧杆菌、乳酸杆菌等超过 700 种有益微生物，这些都会通过喂养进入婴儿的消化道，进而部分定植在肠道中。因此，通常我们说“血脉相传”，其实“菌脉”也是母亲传承给下一代非常重要的健康资源。此后，随着年龄的增长，饮食结构、生活习惯、地域、性别、年龄、健康状况等一系列因素都会或多或少地影响着每个人的肠道菌群结构。除了这些因素，人们的肠道也像血液一样，我们的血液有不同的血型之分，而肠道其实也有不同的“肠型”之分。

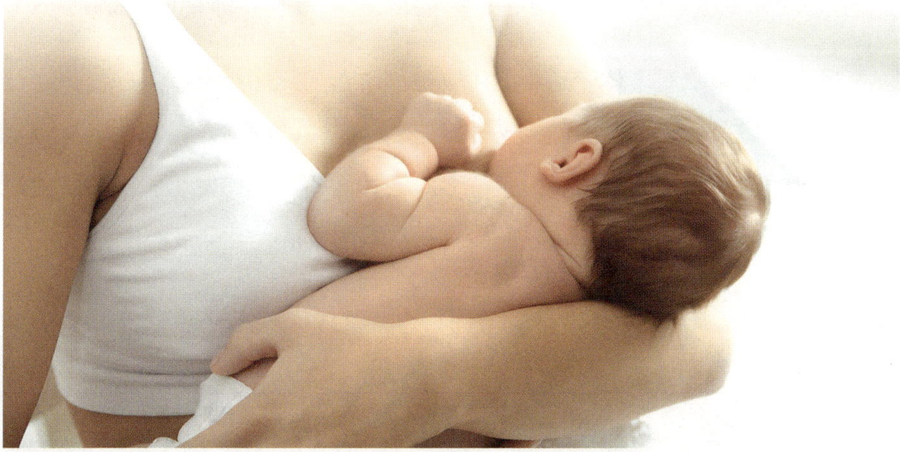

什么是“肠型”？

肠型是一种甚至比血型更能影响人类身体健康的专属标签，但是了解它的人却寥寥无几。简单来说，肠型就是根据人体肠道微生物中的优势物种来划分类别的一种方式。人的肠型主要分为三大类型：拟杆菌型、普氏菌型、瘤胃球菌型。这是2011年德国海德堡欧洲分子生物学实验室的研究人员对来自全球的人类粪便样本当中的DNA进行测序分析，总结归纳出的三种类型。随着样本类型的不断增加和研究的不断深入，科学家后续也发现了第四种肠型及不同亚型的存在。

肠型是根据肠道微生物中的优势物种来划分的，那么那些非优势物种的影响可以忽略不计吗？

肠型只是基于对个体肠道中微生物整体群落的测序结果中某些优势物种的丰度来粗略划分的类型标准，这种粗略划分有它的局限性。因为肠道微生物群落组成的个体差异非常具体，很多对人体健康和疾病发生起到关键性作用的肠道微生物物种，未必在肠道中具有很高的丰度。

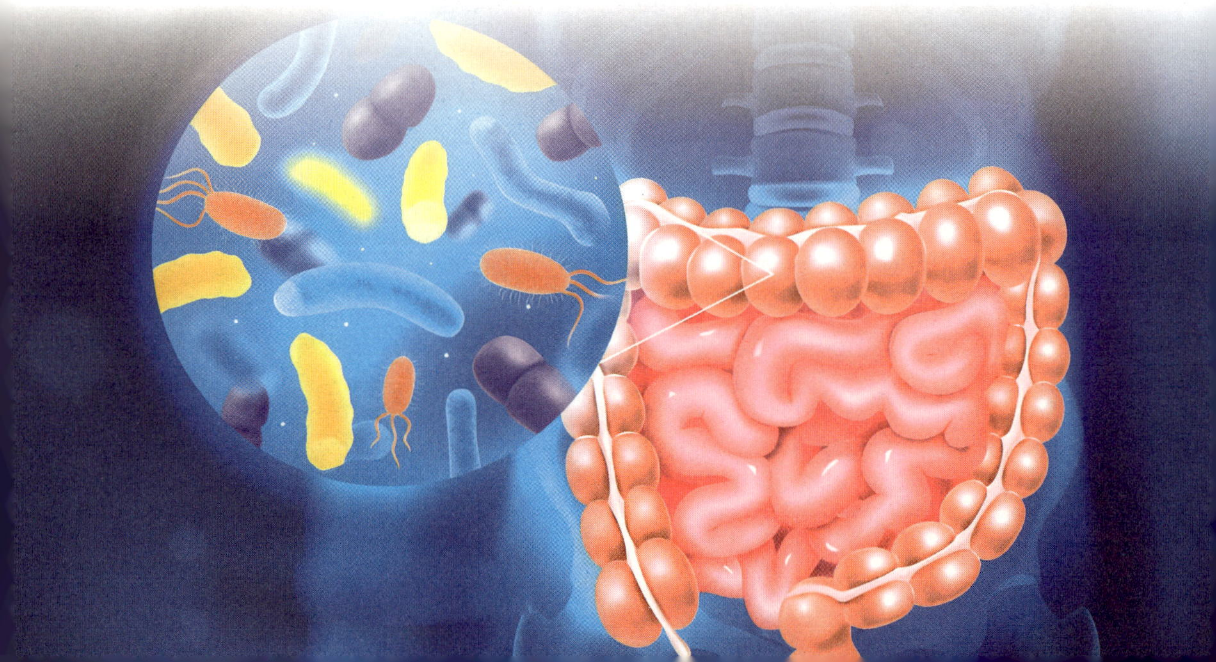

血型的划分有助于危急时刻挽救生命，那肠型的划分有什么意义呢？

对肠型进行分类，就如同对疾病进行诊断分级，了解了疾病的症状、类型，才能更好地对症治疗。了解自己的肠型，有利于我们了解自身体质，通过适当补充相应的营养成分，调节肠道微生物的组成与数量，从而实现对身体状况的调节，适当规避疾病的发生。

为什么有的人怎么吃都不胖，而有的人喝水都长肉？

这就跟肠型有很大关系。因为不同类型的肠道微生物喜欢吸收的营养物质存在很大差别，比如拟杆菌更能有效分解高蛋白类，而瘤胃球菌则倾向于吸收碳水化合物，那么肠道富含瘤胃球菌的人，可能就会由于肠道中糖类物质的高效分解吸收而容易发胖。

“肠脑轴”这个概念近来被频繁提出，什么是肠脑轴？

我们前面提到，肠道聚集的微生物种类、数量最多，这个看似普通的消化器官，其实是一个繁忙的微生物世界。近年来，科学家们发现了一个令人震惊的秘密：肠道微生物居然能够与我们的神经系统进行交流，进而影响我们的情绪和行为。这一切都与“肠脑轴”这个神秘机制有关。

它有什么特点?

肠脑轴是一种大脑和肠道之间的信息交流机制，它让肠道微生物能够与神经系统进行“交流”。在这个过程中，肠道微生物产生的化学物质可以进入血液循环，进而影响大脑的发育和功能。反过来，大脑也会通过神经信号传递和激素分泌等方式影响肠道微生态平衡。这种相互作用关系就像是一座看不见的桥梁，连接着我们的身体和心灵。

肠道微生物如何与我们的脑细胞进行“对话”?

肠道微生物拥有自己的“语言”，它们通过产生各种化学物质来进行“交流”。比如，肠道中的益生菌能够产生短链脂肪酸（SCFA），这些脂肪酸可以抑制炎症反应，调节肠道细胞的代谢和功能。此外，肠道微生物还能合成多种神经递质，如多巴胺、5- 羟色胺等，这些物质在大脑中扮演着重要的角色。

肠道微生物如何影响我们的情绪?

近年来，越来越多的研究表明，肠道微生物与情绪之间存在密切的联系。例如，抑郁症患者的肠道微生物多样性降低，而补充益生菌可以帮助改善抑郁症状。此外，一些实验发现，肠道微生物能够影响小鼠的焦虑行为，通过调整肠道微生物的组成可以降低焦虑的发生。这些研究让人们对肠脑轴有了更深入的认识，也为心理健康领域的研究提供了新思路。

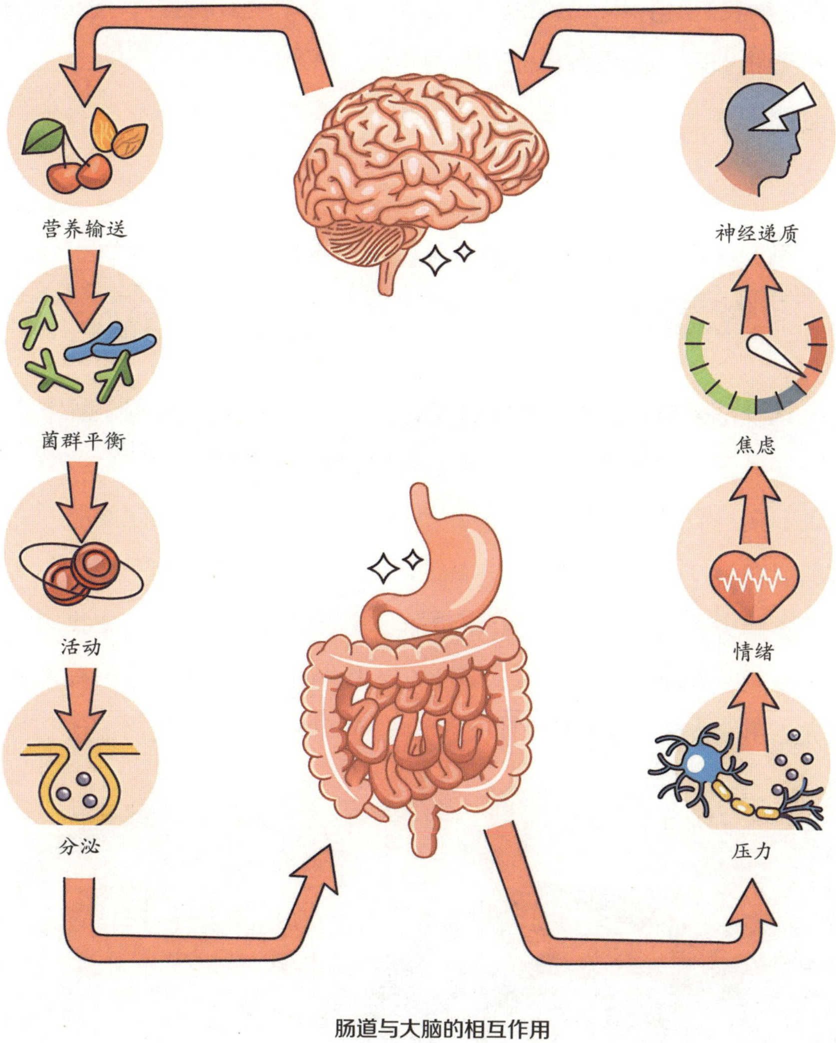

肠道与大脑的相互作用

肠道微生物如何影响我们的行为?

举个例子,肠道微生物的代谢产物可以影响大脑的发育和神经元的功能,从而影响我们的学习和记忆能力。此外,肠道微生物还能调节人体的免疫反应和代谢过程,进而影响我们的行为和活动水平。

既然这样,我们怎样才能改善肠道微生物,让它们对我们产生积极影响?

饮食是影响肠脑轴的重要因素之一。饮食不仅为人体提供所需营养,也为肠道菌群提供“口粮”。富含膳食纤维、全面均衡的饮食结构,能够帮助我们提高肠道菌群的多样性,增强其抵御外来病原微生物的能力。一些研究表明,高脂肪、高糖、高盐的饮食结构可以改变肠道微生物的组成,进而影响大脑的功能;而喜好吃精加工食品的饮食习惯,会使我们体内的菌群变得“好吃懒做”,不仅降低免疫力,还会引起菌群中的有害菌过度增殖,引发疾病。这也是为什么当下营养学家都倡导多吃粗粮的原因。

抗生素对肠道微生物有什么影响?

现在常用的抗生素（如头孢类、青霉素类）大部分是广谱抗生素，对整个肠道菌群的伤害很大，所以抗生素的使用需要严格遵医嘱。经过抗生素处理后的肠道菌群，在停药一段时间后才能逐步恢复。

调节肠道微生物未来有没有可能成为一种治疗手段?

肠脑轴的失调与许多疾病的发生密切相关。例如，克罗恩病、溃疡性结肠炎等肠道炎症性疾病可以通过肠脑轴影响患者的情绪和行为。此外，自闭症、多动症等神经发育障碍也与肠道微生物的异常有关。通过调节肠道微生物的组成和功能，可以改善这些疾病的症状，的确为治疗提供了新的可能性。

未来，随着研究的深入，我们有望通过调节肠道微生态平衡来改善心理健康，甚至治疗一些难以治愈的疾病。同时，我们也应该意识到饮食对肠脑轴的重要影响，选择健康的生活方式来维护我们的身心健康。

第3节 皮肤微生态：为什么有些人特别招蚊子

为什么有些人特别容易招蚊子？关于这个问题，有血型说、体温说、CO_2说，但其实这个问题跟人体内的微生物有关。

皮肤微生态对人体有什么作用？

人体的第一道屏障——皮肤上布满了各种微生物，它们形成了皮肤微生态，调节着天然和适应性免疫系统。健康皮肤表面的微生态保持平衡，维持皮肤的屏障功能；而过敏性皮肤表面的微生态失衡，使皮肤更易受刺激，引起炎症反应、皮疹和瘙痒。以湿疹为例，健康皮肤表面的微生物多样性丰富，在干燥环境中表皮细胞失水时，病原菌金黄色葡萄球菌开始快速繁殖，导致微生态失衡，金黄色葡萄球菌成为优势菌群引起湿疹发作。

为什么有些人特别容易招蚊子？

这些寄居在我们皮肤表面的微生物在处理和分解我们分泌的物质时，可能会产生胺类等刺激性物质，使我们的身体气味更加浓郁，这就是长时间不洗澡身体会散发出一股异味的原因。不过，每个人身上的微生物种类不同，产生的代谢产物也就不同，对蚊子来说，相当于不同口味的食物，有些代谢产物的味道特别吸引蚊子，所以，这些人就特别招蚊子。

这或许给了我们一个有趣的研究启示：针对特殊的部位，施用抗生素，也许能预防蚊子的叮咬，因为杀灭了这个部位的微生物，也就不会产生吸引蚊子的气味了。

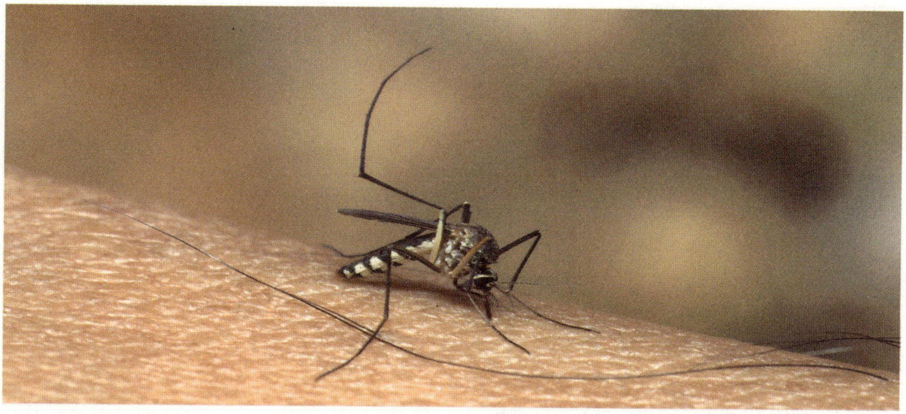

为什么说养宠物的家庭中，孩子过敏概率低？

一位英国科学家在 1989 年提出了一个观念，类似于“不干不净，吃了

没病”。他认为，如果孩子在发育早期接触的传染性病原体、共生微生物太少，就容易患过敏性疾病。原因是这限制了免疫系统的自然完善过程，特别是让免疫耐受的建立产生缺陷。

比如，过于洁净的生活环境，消毒剂、抗生素的使用和对寄生虫的消灭等，使人较少地暴露在含有病原体的环境中，这就导致人的免疫系统过于敏感，容易患过敏相关的疾病。科学研究发现，相比西方的孩子（卫生条件良好，严格接种疫苗），非洲的孩子（卫生环境恶劣，易感染寄生虫）能更好地抵御过敏性疾病；而同样是西方的孩子，在农场长大的则更少发生过敏或哮喘。宠物在与孩子玩耍的过程中，可以为孩子带来一些丰富的微生物类群。因此，与其创造一个干净的环境，不如创造一个微生物友好的环境，对免疫力更有益处。

第4节 口腔微生态：为什么牙菌斑这么难根除

比起干燥的皮肤，温暖潮湿的口腔更是微生物们的天堂。口腔是仅次于肠道的人体第二大微生物栖息地，有1000多种细菌、真菌和病毒。口腔每天会遇到不同的食物，但即便是不同国家、有着不同饮食习惯的人们，口腔菌群的组成都是相似的。

为什么不同人种的口腔菌群组成如此相似？

这是口腔中独特的环境造成的。我们白天要张嘴说话，对于厌氧菌来说是一大挑战，而晚上我们要闭嘴睡觉，那些嗜氧如命的微生物就难以生存，何况还有无处不在的唾液。因此，能长久留在口腔中的微生物都是经过重重考验的幸存者，菌群种类自然比较稳定。

为什么与白天相比，夜间更容易形成龋齿？

我们的口腔每天会分泌 1.0~1.5 L 唾液，但只在白天分泌，夜晚就会停止分泌，潜伏在口腔中的有害菌就会出来作恶。它们会对白天残留在牙齿上的食物大快朵颐，并且产生酸，腐蚀我们坚硬的牙齿。所以睡前最好不进食，尤其是甜食，并且要刷牙，尽可能清除有害菌，同时也清除掉它们的潜在食物。

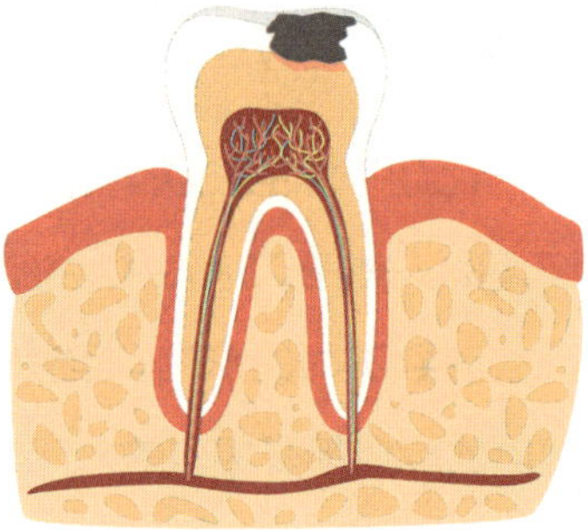

什么是牙菌斑？

牙菌斑是一种细菌性生物被膜，是人体中最常见的生物被膜结构，附着于牙釉质表面，由复杂的微生物群落构成。牙菌斑生物被膜的形成与生长对口腔健康有着直接或间接的影响。许多研究证实，口腔疾病如龋齿和牙周病，都与细菌的积累及牙菌斑的形成有关。

牙菌斑生物被膜是如何形成的？

牙菌斑生物被膜的形成过程可分为三个基本阶段：牙获得性膜形成、细菌黏附和共聚、菌斑成熟。

什么是牙获得性膜？

第一阶段，唾液蛋白或糖蛋白吸附至牙面，形成一层无结构、无细胞的薄膜，这就是牙获得性膜。它形成的速度很快，在刚清洁过的牙面上数分钟内便可形成，1~2 个小时内迅速成层增厚，厚度为 1~20 μm，在牙根区较厚、牙尖区较薄，由蛋白质、碳水化合物和脂肪组成，具有选择性吸附细菌至牙面的作用。牙获得性膜一旦形成，口腔内的细菌便陆续地定植于薄膜。

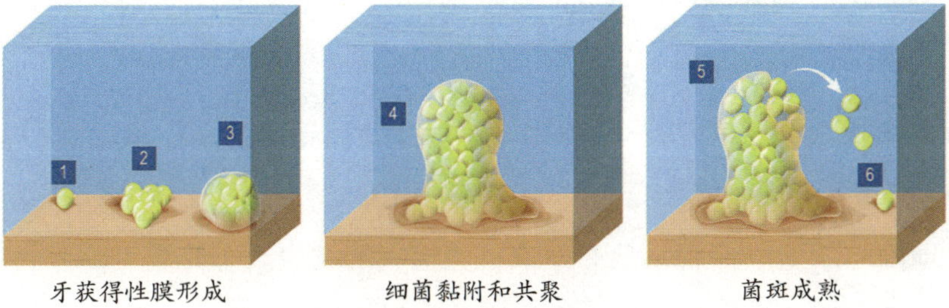

牙菌斑生物被膜的形成过程

哪些细菌定植较早？

早期定植的第一批微生物被称为初级定植菌。首先吸附到牙面的细菌中，革兰氏阳性球菌、链球菌占优势，然后是丝状菌、放线菌，这些早期菌的定植又为后期菌的附着提供表面。不同类型细菌表面相应分子间的相互特异性识别并黏附即共聚。定植菌迅速分裂、繁殖和生长，细菌数量和种类增多，形成复杂菌群。若长时间不受剧烈干扰，菌斑便会形成并逐渐成熟。随着菌斑的成熟，细菌种类逐渐增多，菌斑大小和厚度增加，厌氧菌、能动菌和螺旋体（如弯曲菌、密螺旋体）等比例上升。

牙菌斑生物被膜的形成过程大概多久？

一般 12 个小时的菌斑便可被菌斑显示剂着色。早期菌斑增长较快，成熟后则较慢，9 天后便形成各种复杂生态群体，10~30 天菌斑发展成熟。

成熟的牙菌斑会损害我们的牙齿吗？

健康状态下，菌群的正常活动并不会对机体造成损害，但在某些特殊条件下（如局部 pH 值改变），或多种致病因素的驱使下，有害细菌就会对牙齿周围组织造成侵害，从而导致口腔疾病的发生。研究显示，专业祛除牙菌斑后，牙菌斑生物被膜的再次附着非常迅速，在很短的时间内就趋于成熟，微生物又重新聚集，造成许多口腔疾病难以治愈。

如何才能有效治疗牙菌斑？

相关研究发现，生物被膜中的微生物对抗生素和抗菌剂的抗性明显高于游离态微生物，仅依靠抗生素或抗菌剂治疗通常无法有效清理生物被膜，而通过简单的物理清除方法却能够破坏其附着，清除生物被膜。但牙周袋内的龈下菌斑无法通过牙刷、牙线或口腔冲洗达到清理的效果，因此牙周洁治结合抗生素干预是目前临床主要的治疗方式。

第五章

致病菌：
拉开江湖混战的序幕

微生物这一群个体趋于无限小的生命，时常将我们的生活搅得天翻地覆。我们在与微生物的较量与博弈中，摸索着和谐共存的方法。

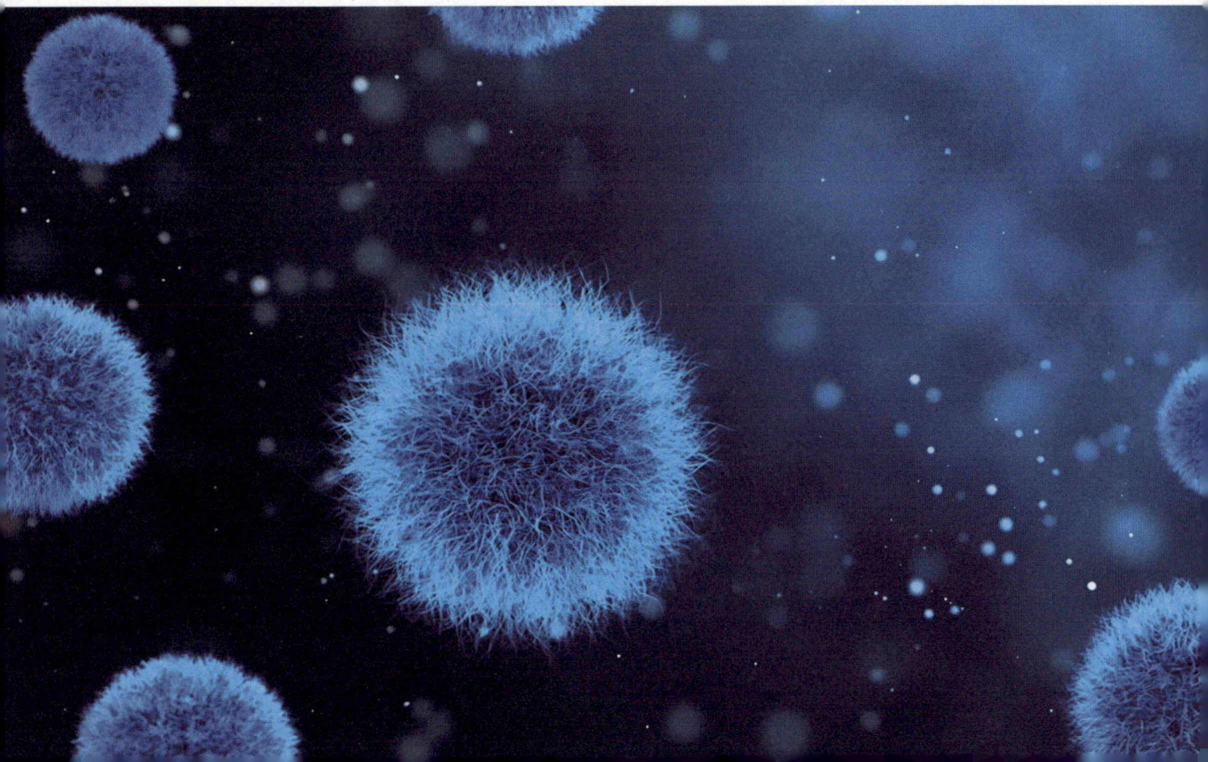

第1节 瘴气：歪打正着的致病观

瘴气的概念在古代医学中起过关键作用，虽然随着微生物学的出现和特定病原体的发现，人们的关注重点从恶臭空气转移到识别细菌、病毒和寄生虫作为疾病真正的原因，但是，瘴气概念的提出仍然是医学和公共卫生实践发展的重要里程碑。

什么是瘴气？

瘴气指的是可引起疾病的有毒或受污染的空气，通常来自腐烂的动物尸体或死水。这个理论在包括古希腊、古罗马和中世纪欧洲在内的各个古代社会中广泛存在，曾在解释疾病传播方面起着重要作用。

在现代社会之前，人们认为吸入或接触瘴气会导致流行病的发生，人们相信避免接触有臭味的地方可以保护自己免受疾病的侵害。

瘴气的概念是怎么出现的呢？

瘴气的概念可以追溯到古希腊。古希腊医生希波克拉底根据自己的观察总结，认为疾病，尤其是流行病，是由环境因素引起的，包括恶臭空气和受污染的水源。古罗马人进一步发展了瘴气概念，认为当个体吸入被污染的空气或与被污染的空气接触时，疾病就会传播，离开有难闻气味的地方对保持健康至关重要。

这些结论，可以说达到了仅能靠肉眼研究疾病的时代所能达到的最高水平，有效回答了古人关于疾病产生、传播的疑问，切实帮助古人进行疾病预防，防止疾病传播。

既然人们认为瘴气是致病的原因，那人们是如何防止它导致疾病的呢？

瘴气概念对古代医学的疾病预防产生了重大影响。为了对抗瘴气，古代社会采取了废物处理、隔离患者和建立清洁水源等措施。这些做法旨在最大程度上减少瘴气的存在并阻断疾病传播。

在中世纪时期，对瘴气的信仰在理解黑死病方面发挥了作用。现代医学已经证明，黑死病的实际原因是鼠疫耶尔森菌，它通过寄生在老鼠身上的跳蚤传播。然而，当时的瘴气概念影响了人们解释和应对疫情的方式。

具体是如何影响的呢？

在黑死病大流行期间，人们普遍相信疾病是由瘴气引起的，特别是由恶臭和有毒的空气引起的。人们将疾病的传播归因于不健康的环境条件，如腐烂的尸体、糟糕的卫生和受污染的空气，这些因素被认为会产生瘴气，被认为是疫情发生的原因。因此，当时的人们通过燃烧香料、熏蒸房屋和公共空间来净化空气，对抗假想中的瘴气。此外，也实施了隔离感染个体和受影响地区的做法，防止瘴气和疾病的传播。虽然将黑死病归因于恶臭的空气是不正确的，但这些措施的确在某种程度上减少了疾病的传播。

随着微生物学的出现，瘴气的概念最终被更科学的疾病因果关系理解所取代。特定的病原体，如细菌、病毒和寄生虫，被确定为疾病的真正原因，代替了对瘴气的信仰。

微生物致病的概念是如何取代瘴气致病观念的？

德国著名医生和细菌学家罗伯特·科赫的研究始于19世纪70年代末，当时他正要着手确定结核病的病因。结核病是一种具有高度传染性并且能致命的疾病。在科赫的研究开始之前，瘴气致病的观念在医学和科学思想中根深蒂固。人们普遍认为，肺结核是由于吸入受污染的空气造成的。基于这种信念，当时的人们普遍通过熏蒸、通风和燃烧芳香物质等措施净化空气，希望以此预防和治疗肺结核。

科赫使用各种定量研究的方法来调查结核病的性质。他从感染者身上收集样本，并在显微镜下进行观察。他观察到这些样本中存在杆状细菌，将其命名为结核分枝杆菌。科赫证实这些细菌一直存在于结核病患者中，而在健康个体中不存在，这为将细菌与疾病联系起来提供了强有力的证据。

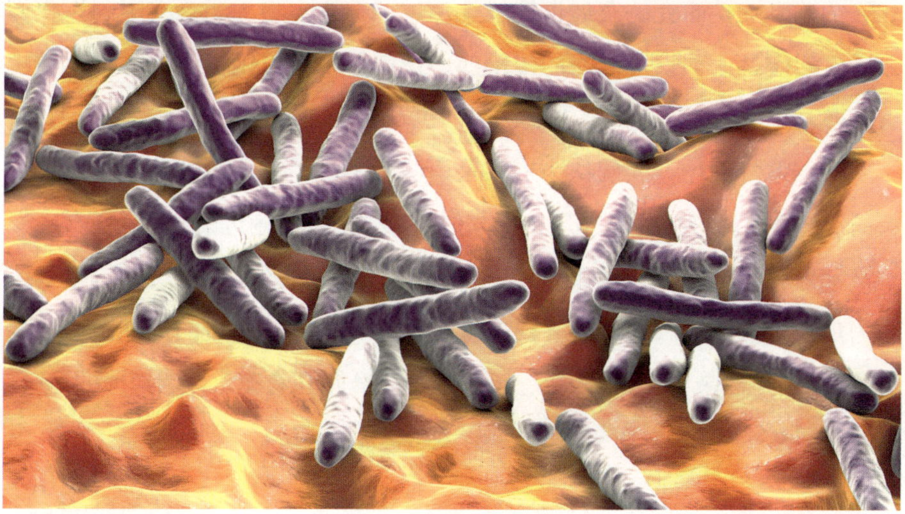

除了显微镜分析，科赫还开发了特定的生长培养基和条件，能够分离和研究结核分枝杆菌，这使他进一步了解了结核分枝杆菌的特性。通过定量研究，科赫在结核分枝杆菌和结核病之间建立了直接的因果关系。他的研究证明，这种疾病不是由瘴气或糟糕的空气引起的，而是由一种特定的微生物引起的，这种微生物可以被分离、研究和消灭。

科赫的发现彻底改变了人们对传染病的理解和应对方式，是公共卫生领域的重大进步。科赫强调必须确定导致疾病的特定病原体，并制定有针对性的干预措施，如疫苗和抗微生物治疗，而不是依靠熏蒸。科赫的研究为疾病的细菌理论奠定了基础，并在疾病预防和治疗方面取得了重大进展。

以前人们认为疟疾也是瘴气引起的，这一论断后来是如何被推翻的？

的确，疟疾研究的发展也挑战了瘴气的概念，但方式略有不同。我们知道，疟疾是一种蚊子传播的传染病，近千年来一直困扰着人类。与结核病一样，关于疟疾病因的普遍看法最初也与瘴气有关。

根据瘴气理论，人们认为疟疾是由吸入沼泽地区的污浊空气或瘴气引起的。这些区域被认为会产生有毒气体，导致居住在附近的人患上疟疾。

随着科学理解和观察手段的进步，研究人员开始质疑瘴气理论是否能作为疟疾等疾病的唯一解释。研究人员指出，疟疾在特定的地理区域更为普遍，特别是热带和亚热带地区，而不是均匀分布在有死水或沼泽地的地区。

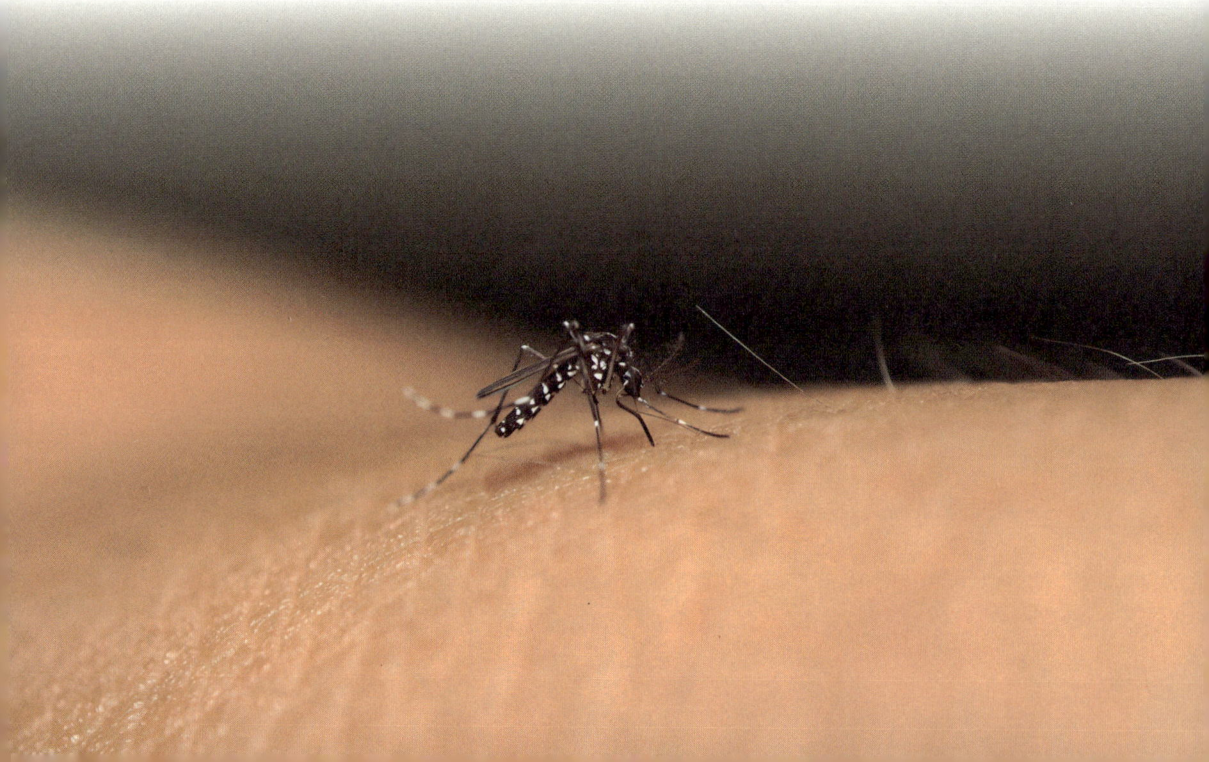

那人们是怎么发现疟原虫的？

19 世纪后期，Charles Louis Alphones Laveran 在疟疾患者的红细胞中发现了这种寄生虫。罗纳德·罗斯提供了确凿的证据，证明疟疾是通过受感染蚊子的叮咬传播的。他指出，当蚊子吸食感染疟疾患者的血液时，它们会成为疟原虫的携带者，并通过随后的叮咬将其传播给健康的人。

疟原虫及其通过蚊子传播的发现对瘴气致病理论提出了挑战。它提供了一种特定的、可识别的疟疾病原体，而不是将其归因于吸入污浊的空气。

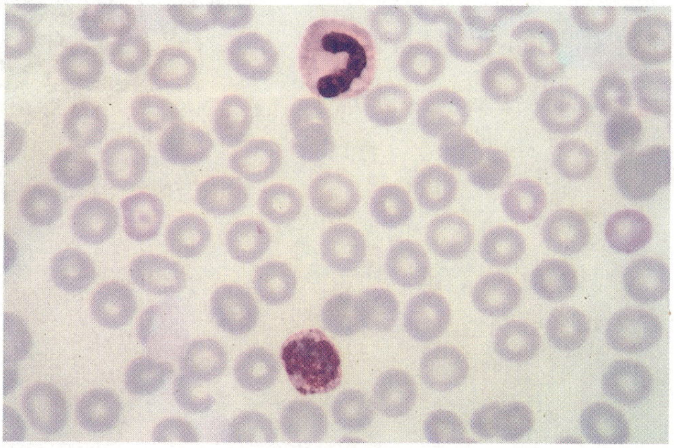

疟原虫血片

屠呦呦发明的青蒿素不就是治疗疟疾的特效药？

是的。认识到疟疾是由蚊子传播的寄生虫引起的，为后面更有针对性地干预铺平了道路。人们开始为控制蚊子数量努力，利用蚊帐和杀虫剂等工具，并开发治疗这种疾病的药物，将研究重点从瘴气转向寄生虫及其病媒，使疟疾的预防和控制取得了重大进展。

对疟疾的科学研究，类似于对结核病的研究，挑战了认为瘴气是致病原因的普遍看法。疟原虫的鉴定及其通过蚊子的传播提供了明确的证据，证明疟疾是由一种特定的传染因子引起的，而不是由吸入瘴气引起的。这一认识彻底改变了防治疟疾的方法，将重点放在有针对性的干预措施上。我国科学家在20世纪开发了针对疟原虫的特效药——青蒿素，被誉为世界上最有效的抗疟药物之一，被联合国世界卫生组织列为首选的抗疟疗法，对全球疟疾的控制和治疗发挥了重要作用。

中药“青蒿”（*Artemisia annua*）

瘴气致病的观念是什么时候彻底消失的呢？

随着现代医学的兴起，在现代医学实践中，逐渐不再使用瘴气概念。由于微生物学、分子生物学和流行病学的发展，我们对疾病传播和疾病原因的理解已经发生了显著变化。现代医学不再将疾病归因于瘴气或受污染的空气，而是依靠基于测量和对比实验的研究来解释疾病的原因。随着科学发展和实验技术的进步，19世纪疾病的细菌理论取代了瘴气致病理论。路易斯·巴斯德和罗伯特·科赫等科学家发现，导致疾病的罪魁祸首是微生物，而不是糟糕的空气。这一突破导致了抗生素和疫苗的发展，彻底改变了医疗方法，挽救了无数人的生命。

第2节 拒之门外："非常时期就不握手了"

病毒的传播途径有直接接触传播、间接接触传播、飞沫传播、气溶胶传播等，每种传播方式的原理是什么？概率有多大？又该如何预防呢？

当下，微生物是个热门话题，好也罢坏也罢，人们越来越意识到它们的力量不容小觑。

其实，如果我们翻阅资料就会发现，瘟疫从来不曾远离过我们，人类无时无刻不在与微生物交战。诸如 1 个世纪前横扫全球的西班牙大流感、令人闻风丧胆的黑死病及肆虐全球的霍乱等。在这些没有硝烟却有些残忍的战争中，我们不断吸取和总结经验教训，慢慢找到了与微生物和谐共处的方法。如在与霍乱疫情的抗争中，我们第一次诞生了"公共卫生"的理念；在与天花的抗争中，我们第一次敲开了免疫学的大门，制造出了一个我们防御入侵者的重要武器——疫苗。

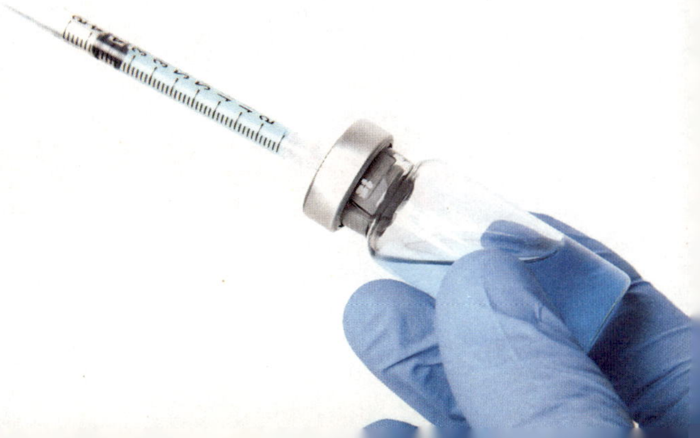

这些让我们生病的微生物，究竟有多小？

大约在 35 亿年前，地球突然迎来了“氧气时代”，微生物自此诞生。微生物一般是指存在于自然界的一大群体型极小、结构简单、肉眼看不见的微小生物。这些微生物有多小呢？打个比方，如果把米粒（一般在 6 mm 左右）比作一座巍峨的高山，那么细菌就是高山下行走的游客，而病毒则相当于游客手中的手机。所以，如果我们想看到这些小生命，必须借助显微镜才能够一睹真容。

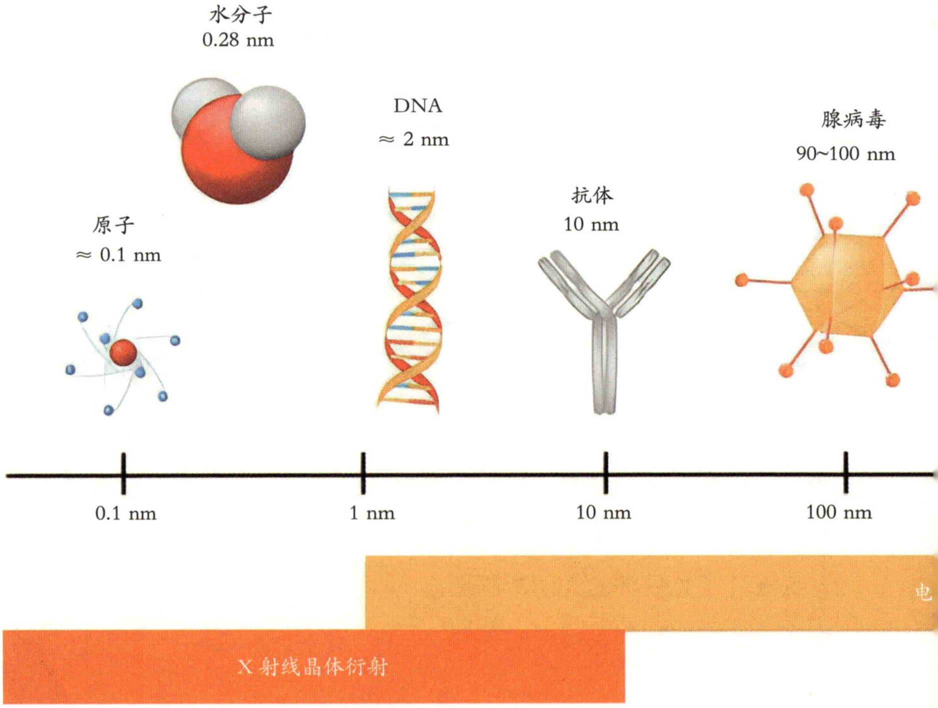

微生物有多小

让我们生病的微生物家族，都有哪些成员呢？

比如病毒，最近我们深受其害的新型冠状病毒，就是其中的一种。病毒这类微生物自己是无法独立存活的，必须住在细胞或者是细菌的体内才能够生存繁殖。其中，生活在细菌体内的病毒，它们有一个专有名字——噬菌体。除了新型冠状病毒，其实还有很多我们熟悉的名字都与病毒息息相关，例如前面提到的肆虐全球的西班牙大流感就是由流感病毒引起的，臭名昭著的艾滋病是由艾滋病毒引起的，曾被称为“死神忠实帮凶”的天花则是由天花病毒引起的。

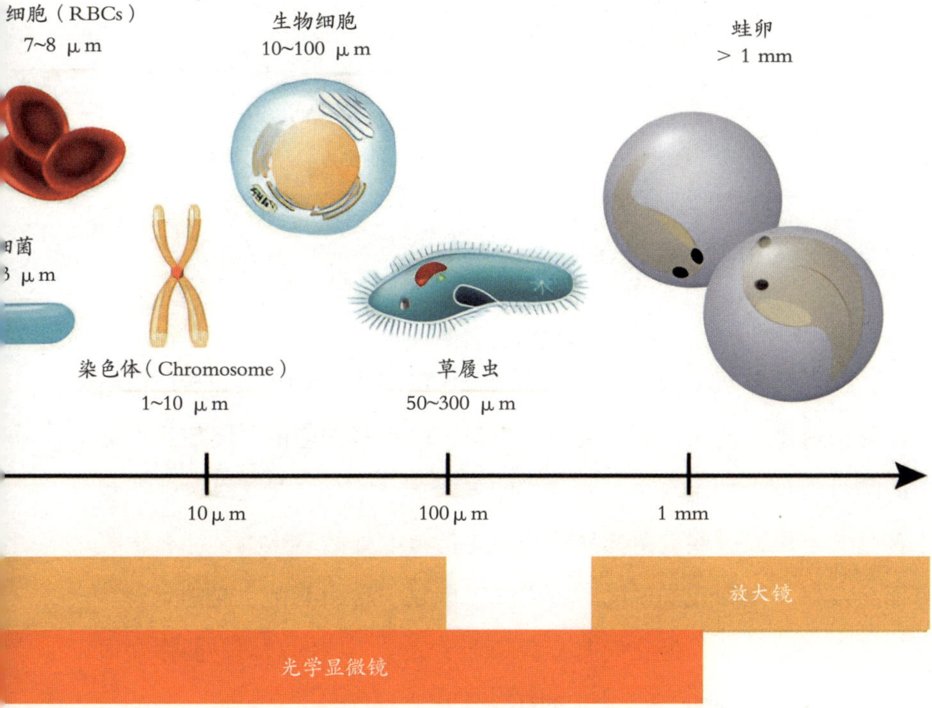

霍乱弧菌图

除了病毒，另一个重要的微生物家族就是细菌，像“黑死病”的始作俑者鼠疫耶尔森菌的细菌；前文提到的霍乱疫情，它的幕后推手则是一种叫作霍乱弧菌的细菌。

除了病毒和细菌，还有别的吗？

真菌、古菌，还有一些微小藻类和原生动物也都属于微生物家族成员。其中，真菌相对比较复杂，既有单细胞成员，也有多细胞的，比如我们蒸馒头用的酵母就是单细胞真菌，而我们吃的蘑菇、木耳、灵芝等，则都是多细胞真菌。当然，这些真菌都是对我们生活有好处的微生物，还有一些则没有那么友好，比如我们说的“香港脚”就是一种由真菌引起的足癣。古菌看起来有些像细菌，但它们有一套和细菌完全不同的活法，能够在很多极端环境，如酷热和强酸等环境中生存。

“非常时期就不握手了”的科学依据是什么？

病毒的传播途径有直接接触传播、间接接触传播、飞沫传播、气溶胶传播等。病毒的携带者通过直接的表面接触将病毒传给被感染者，这就是病毒的主要传播方式之一——直接接触传播。怎么能预防直接接触传播呢？当然就是尽量避免接触！“非常时期就不握手了”，是提醒我们通过避免直接接触来防止病毒的传播。

请注意，这里的携带者和被感染者可能是同一个人。每个人的手上都有数量庞大的病毒，手上的病毒只是携带，并不容易让我们生病，但我们可能通过揉眼睛等动作将病毒传到更容易让我们患病的部位，比如黏膜。因此，时常洗手、洗脸，把自己洗得干干净净的，自然就会减少直接接触的传播概率。

通过电梯按钮被传染的概率有多大？

按下病毒携带者刚按过的电梯按钮而感染，这叫间接接触传播。它指的是病毒通过被污染的表面进行传播。病毒携带者或者病患接触过一个表面后，如果他的病毒携带量比较高，是有可能将病毒留在物体表面的，这时下一个人按下相同的按钮，可能会染上病毒。不过，这种传播的效率相比直接接触传播是比较低的。但是，有的病毒在物体表面存留 20 天之后仍有活性，比如 SARS 病毒，因此，适当的防护是有必要的，比如垫张纸巾或使用牙签按电梯。

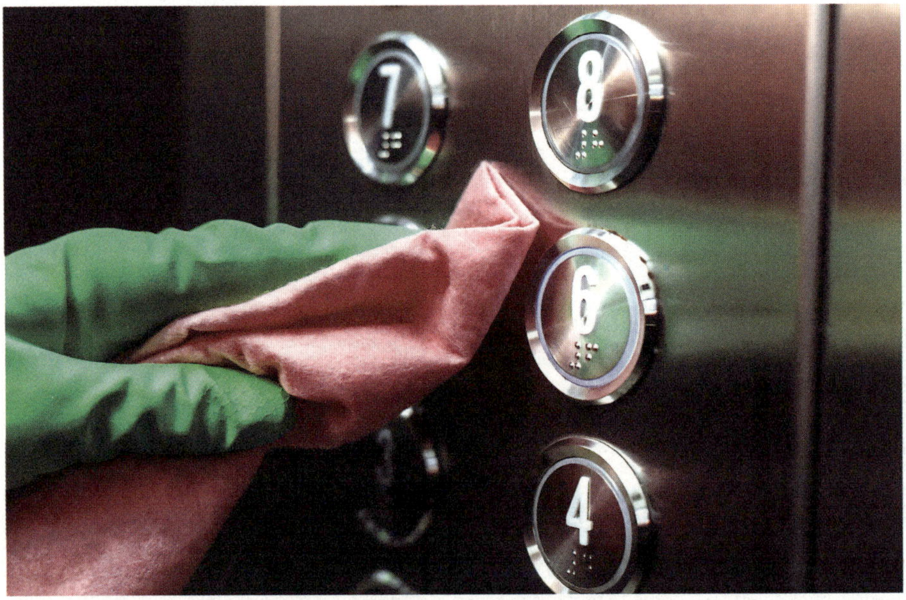

面对面聊天的安全距离是多少？

面对面聊天而没有其他接触时，病毒主要是通过飞沫传播。飞沫传播也是病毒的主要传播途径。飞沫通常只在呼吸、咳嗽或者打喷嚏的时候产生，它是直径大于5 μm的小液滴，可以附着在暴露的黏膜表面，比如鼻黏膜，可以在近距离非常有效地实现病毒传播。

这个“近”，通常是小于1 m，在这个距离以内，飞沫的传播才比较有效。携带病毒的小液滴在空气中漂浮的时间通常在17分钟以内。当你不得不和病毒携带者面对面交谈时，最保险的办法就是戴口罩，口罩可以在一定程度上阻隔飞沫传播。如果万一忘戴口罩，那么请至少保持1 m的距离。

气溶胶传播和飞沫传播有什么区别？

气溶胶是比飞沫小得多的颗粒。从定义上来说，气溶胶是可以直接通过口鼻进入气管或者肺部的小颗粒。气溶胶可以在空气中停留很长时间，因此能够支持长距离的病毒传播（大于1 m）。空气动力学研究表明，在没有其他空气扰动的前提下，直径小于3 μm的颗粒在空气中几乎是永久性飘浮的。不过，气溶胶在空气中长期停留的特性只在没有空气扰动的前提下存在，在开放的空间里，气溶胶传播并不构成重大的传染威胁，而且如果经常通风，也会显著降低气溶胶的传播风险。

没戴口罩在马路上与感染者擦肩而过，被传染的概率有多大？

概率比较小。我们常常忽略鼻毛的作用。头发、眉毛、睫毛甚至胸毛都有人爱好，但是很少有人偏爱鼻毛，似乎它一无是处。这样厚此薄彼其实并不应该。鼻毛能过滤空气中的灰尘，减少病菌的侵入，同时降低空气入肺的速度，将其升高或者降低至体温，减少对内脏的刺激。

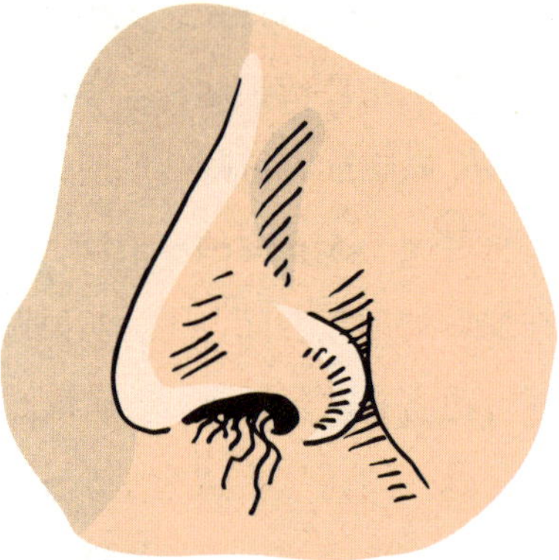

第3节 巅峰对决：一场没有硝烟的战争

著名哲学家尼采曾经说过：“那些杀不死你的，终将使你更加强大。”用这句话来形容微生物与人体的关系，真是再合适不过了。

微生物是如何对我们的身体发动攻击的？

通常我们把能够让我们生病的微生物统称为致病菌。在数十亿万年的演化过程中，这些致病菌发展出了许多不同的装备和武器，有的用来抵御人体免疫系统的攻击，有的用来直接破坏我们的细胞。

病毒和细菌的攻击方式一样吗？

不太一样。比如，新型冠状病毒表面有一类突出的蛋白，我们称之为S蛋白或者刺突蛋白，这个称谓是根据英文“Spike”（尖状物）而来的。这类蛋白像钥匙一样，新型冠状病毒通过它们可以轻松突破我们细胞的阻挡，

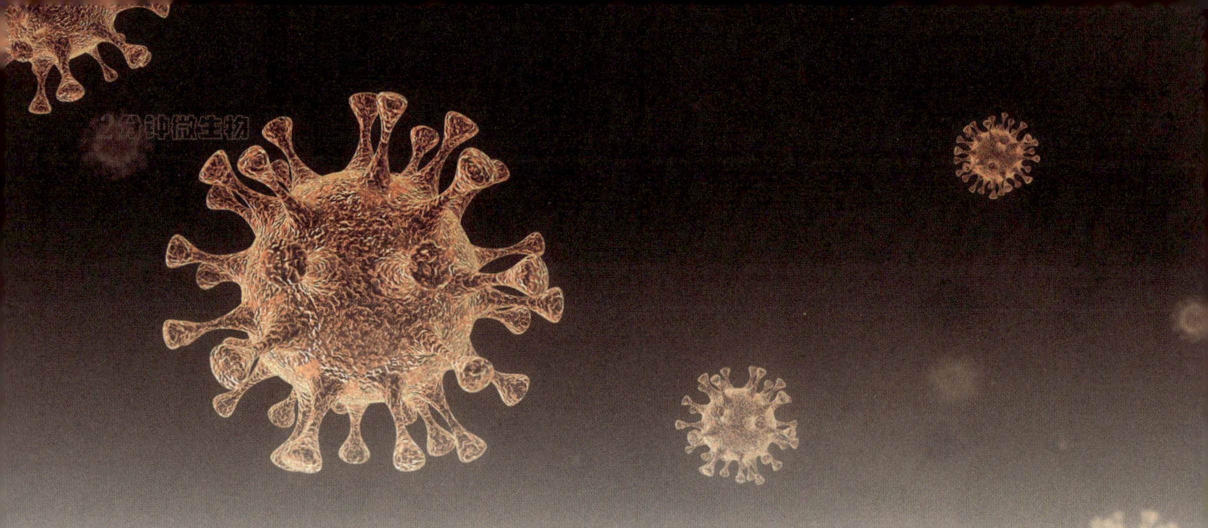

顺利进入细胞内部，把我们的细胞变成傀儡，用来制造病毒繁殖的各个元件。有些病毒，如狂犬病毒，甚至可以挟持我们的神经元，控制我们的大脑。

细菌在装备和攻击方式上也毫不逊色。比如，它们可以采用类似打针的方式，把有毒物质注射到我们的细胞内。当然，这种方式在噬菌体（在细菌体内生存的病毒）中也非常常见。细菌还会通过具有类似打孔器功能的蛋白，在我们的细胞表面形成一个个孔道，进而摧毁我们的细胞。

除了单人作战模式外，细菌还能够进行集体作战，比如它们会分泌一些糖类物质，共同形成一个大的保护膜，就是我们前面讲过的生物被膜，这个保护膜可以有效地阻挡抗生素等药物对细菌的攻击。

面对花样这么多的攻击方式，人体是如何反抗的呢？

虽然微生物能够利用它们多样的武器对我们的身体造成巨大的威胁，但是大多数人在大多数情况下依然能够健康地生活，这都要归功于忠诚守护我们身体的卫士——白细胞。白细胞是一大类家族成员的统称，主要包括粒细胞、单核细胞和淋巴细胞。其中，粒细胞主要包括中性粒细胞、嗜酸粒细胞和嗜碱粒细胞，单核细胞一般被认为是巨噬细胞和树突细胞的前体，而淋巴细胞则主要包括自然杀伤细胞、B 淋巴细胞和 T 淋巴细胞。

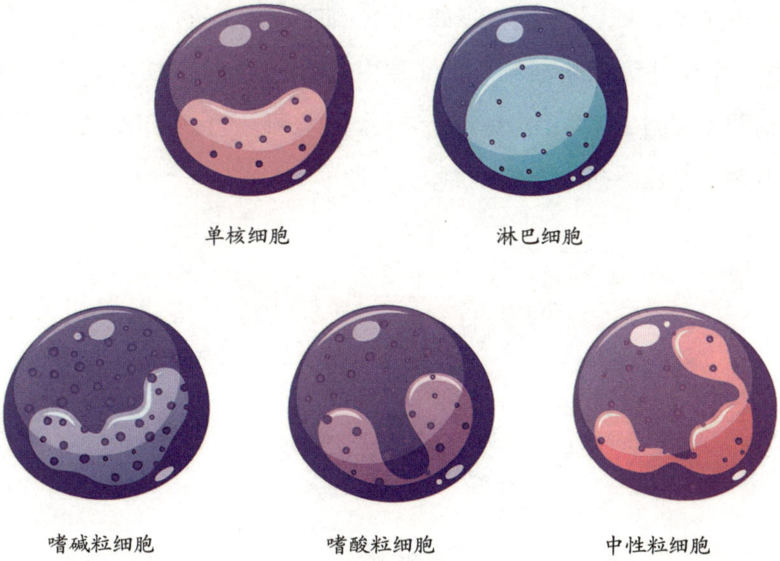

白细胞家族

这些“卫士”具体是如何发挥作用的？

如果把我们的身体比作一座城池，那么这些白细胞就是守护这座城池的战士，它们有着明确的分工和专属的武器。

其中，中性粒细胞和吞噬细胞主要发挥“巡逻兵”的作用，每时每刻都在我们身体里进行巡逻。当遇到敌人，也就是病原菌时，它们一方面会将敌人消灭，同时还能够将敌人的信息进一步传递给其他白细胞。

B 淋巴细胞本身不具有攻击能力，而是主要发挥“侦察兵”的作用。它们能够根据不同敌人之间的差异特征，针对性地合成和分泌识别武器，也就是我们熟知的抗体。这些抗体武器会准确找到并标记出敌人，进而使这些被标记的敌人暴露出来，从而进一步被其他白细胞战士消灭。

T淋巴细胞是我们的精英部队，主要由辅助T细胞和杀伤性T细胞组成。其中，辅助T细胞是部队的指挥官，它会随时发现敌情，并迅速把相关信息传递给B淋巴细胞，指挥其产生抗体。

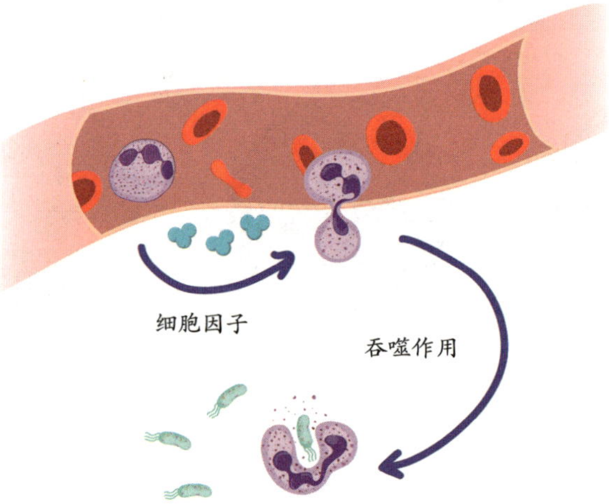

中性粒细胞吞噬细菌

杀伤性T细胞是消灭敌人的主力吗?

是的。在我们身体里还有一些非常狡猾的“伪装者”，它们会隐藏在我们细胞的内部，使被侵占的细胞从表面看起来和正常细胞基本一样。但魔高一尺道高一丈，每一个杀伤性T细胞都有一双“火眼金睛”，能够精准地发现这些隐藏在我们细胞中的“伪装者”。当然，除了这些外来伪装者，杀伤性T细胞还能够区分正常细胞和癌细胞。一旦发现外来伪装者或者癌细胞，

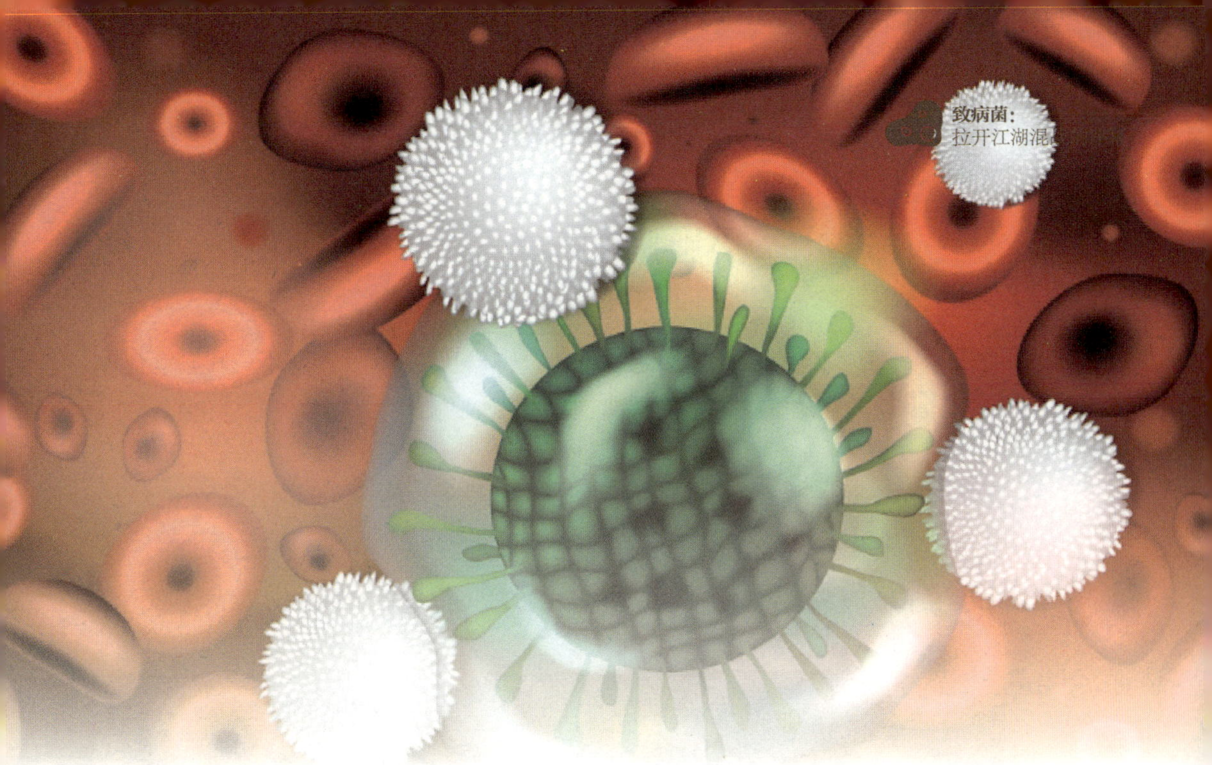

杀伤性 T 细胞的攻击往往是毁灭性的，它们会将敌人和被敌人侵犯的细胞共同消灭殆尽。

更为神奇的是，我们的 B 淋巴细胞和 T 淋巴细胞结束战斗后，还会自发形成另一支小部队——B 记忆细胞和 T 记忆细胞。这些细胞战士能够清楚地记住战争中敌人的特征，如果同样的敌人再次攻击我们的身体，那么记忆细胞就会快速做出反应进行战斗。就这样，我们在白细胞战士们的严防死守下健康地生活着。

假如白细胞没能防守住，那会怎么样？

除了白细胞外，人类还发明了一种非常强大的防御性武器，那就是疫苗。如果说弗莱明发现青霉素为人类杀死细菌提供了强大的攻击武器，那么疫苗则为我们的身体构筑了一道坚固的防线。

疫苗有不同的种类，具体包括哪几种？

疫苗主要包括减毒疫苗（如我们小时候吃的预防小儿麻痹症的糖丸）、灭活疫苗（如狂犬疫苗）、亚单位疫苗（如百日咳疫苗）、类病毒疫苗（如HPV 疫苗）及核酸疫苗（如新型冠状病毒肺炎疫苗中的 mRNA 疫苗）等。

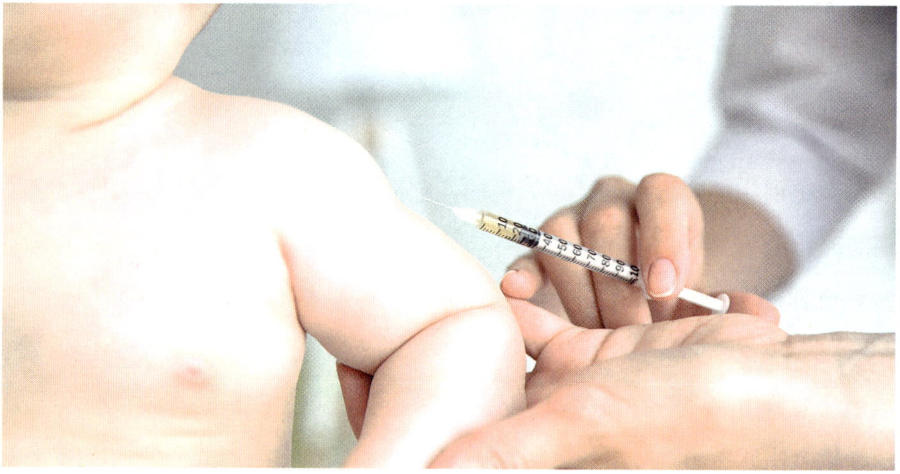

它们具体有什么区别？

如果把病原菌比作敌人，那减毒疫苗就类似投诚的敌人，相较于其他几种疫苗来说，这类疫苗的安全性会低一些，可能存在一些不良反应。灭活疫苗和类病毒疫苗相当于敌人的尸体。亚单位疫苗类似于敌人身体的某些关键部位，比如新型冠状病毒的 S 蛋白就是一个很好的亚单位疫苗材料。核酸疫苗则是敌人的遗传信息。

减毒活疫苗、灭活疫苗和核酸疫苗有什么区别？

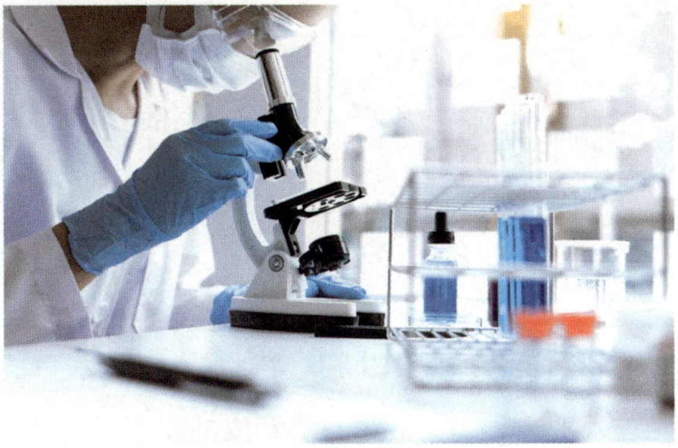

减毒活疫苗和灭活疫苗都是病原体经过在体外培养、减毒（灭活）、纯化后，在宿主体内复制产生一种抗原刺激，抗原数量、性质和位置均与天然感染相似，免疫原性强。但它们的生产流程复杂，需要建立高成本、高规格的**P3安全实验室**用于培养病原体，生产周期长。

核酸疫苗与活疫苗的关键不同之处是核酸疫苗编码抗原的DNA不会在人或动物体内复制，具有安全性高、稳定性好、注射剂量低、生产周期短、易于推广等优势，是未来面对大范围重大疫情时疫苗生产的方向。

它们是如何做到只保护而不伤害我们的？

这些不同种类的疫苗有一个共同的特征，即都包含了敌人的关键信息。当我们把含有敌人信息的疫苗注射进体内后，敌人的信息会被我们的侦察兵——B淋巴细胞发现，我们的身体就会分泌出抗体（如同演习一样）。这样，当真正的敌人出现后，我们的抗体会迅速发现并标记敌人，从而和其他白细胞一起将敌人消灭。所以，我们的身体本身就是一个奇迹，每个细胞都在我们毫不知情的情况下，以各自不同的方式为我们提供能量，照料着我们，让我们可以健康地生活。

疫苗为什么可以且只能在一定程度上防止传染性疾病的发生？

疫苗是将病原微生物（如细菌、病毒等）及其代谢产物（蛋白质、核酸），经过人工减毒、灭活等方法制成的用于预防传染病的自动免疫制剂。疫苗保留了病原菌刺激动物体内免疫系统的特性而失去了致病性。只能“一定程度”防治的原因在于，病原微生物无时无刻不在快速地变异，当变异的位点（靶点）逃过了原本疫苗刺激产生的抗体作用位点时，疫苗就会一定程度上（或完全）失去保护作用。

其实，在我们和微生物的一次次交战中，从来没有真正的赢家。如果我们把病原菌比作灾星的话，人类可能是制造灾星的推手之一，我们滥用药物、污染环境、打破生态平衡，而瘟疫如同大自然对人类的警示和惩罚，时时提醒我们要拥有一颗敬畏的心，敬畏生命，敬畏自然！

第4节 噬菌体：从病毒到“救世主”的惊艳转身

“三年犹虐病，一鬼不销亡。隔日搜脂髓，增寒抱雪霜。徒然潜隙地，有靦屡鲜妆。”这是唐代诗人杜甫描述“瘟疫”的诗句。不过，病毒也不全是“十恶不赦的恶魔”，其中有一类“出淤泥而不染，濯清涟而不妖”的“小人物”，它们拥有着机械的外表和赛博朋克的风格，特立独行，被称之为病毒界的生物战士——噬菌体。近年来，传统的抗生素治疗面临着耐药性细菌的威胁，虽然抗生素的队伍在不断扩大，但是威风大减。而噬菌体作为一种天然的细菌克星，可以选择性地感染目标细菌，比抗生素具有更高的选择性和针对性。

什么是噬菌体？

前面提到过，噬菌体是生活在细菌体内的病毒。确切来说，它是一种以细菌和古菌为宿主的病毒，因部分能引起宿主菌的**裂解**，故被称为噬菌体（bacteriophage，简称 phage；希腊语中，phagein 的意思是“吞噬”）。地球上有数以十亿计的噬菌体，在千万年的时间里与细菌共同进化，并控制着它们的数量。噬菌体是一种典型的寄生型病毒，只能通过电子显微镜看到它们。它们几乎无处不在，极端环境和古老的样本中都有它们的身影。

噬菌体长什么样?

噬菌体仅由外壳蛋白包裹核酸构成，因其遗传结构极其简单，噬菌体研究先驱 Max Delbrück 把它比作生物学中的氢原子。噬菌体造型相当科幻，如同外星飞船一般。

常见的噬菌体结构大致分为上、下两个部分，上面是一个正二十面体头部，下面则是尾部。尾部又由与头部衔接的尾领、呈柱状的尾鞘、尾鞘之内的尾髓、尾鞘下部呈六边形的尾板、尾板下方的尾针和像腿一样的尾丝所组成。除此之外，噬菌体还有两种常见的形态，一种只有二十面体头部，没有尾部；另一种则是线状体，没有明显的头部结构，而是由壳粒组成的盘旋状结构。

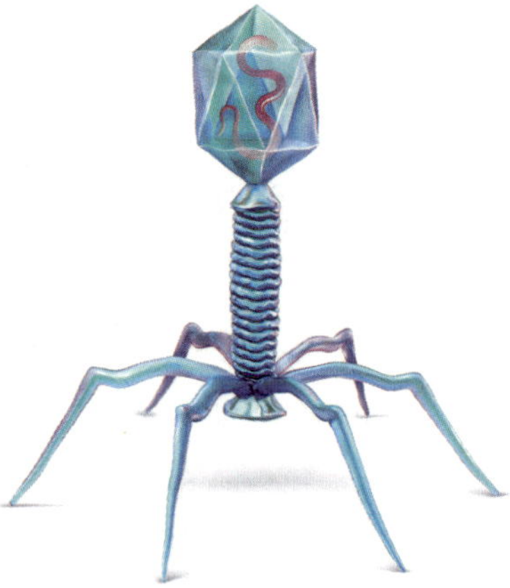

它是如何“吞噬”细菌的？

作为一种病毒，噬菌体并不具备完整的细胞结构，其头部只含有单一的核酸，所以噬菌体要依靠自己的尾部牢牢抓住细菌，再通过尾部的尾刺将头部的 DNA 注入宿主体内，核酸物质会自动被细菌的核糖体转录表达并复制，在细菌体内产生新的噬菌体颗粒后组装成新的噬菌体，随后细菌的生命也就走到了尽头。随着细菌的溶解，体内的子代噬菌体被释放出来，继续寻找新的感染目标。

具体是怎样的过程？

一个典型的噬菌体侵染细菌的过程，可以分为三个阶段：感染阶段、增殖阶段和成熟阶段。

当噬菌体锁定了它的猎物时，它的尾巴就会附着上去，尾鞘像肌动球蛋白的作用一样收缩，露出尾轴，伸入细胞壁内，如同注射器的注射动作。噬菌体只把头部的 DNA 注入细菌的细胞内，把蛋白质外壳留在壁外。在几分钟内，它们就会劫持和接管细菌内部系统，强迫细菌开始制造新的噬菌体。

噬菌体在细菌内部不断自我复制，直到它们填满这个细菌，最终细菌会因内部的高压而爆炸死亡。此外，噬菌体成熟后，溶解寄主细胞壁的溶菌酶逐渐增加，促使细胞裂解，从而释放出子代噬菌体。子代噬菌体被释放出来后，又去侵染邻近的细菌细胞，产生子二代噬菌体。

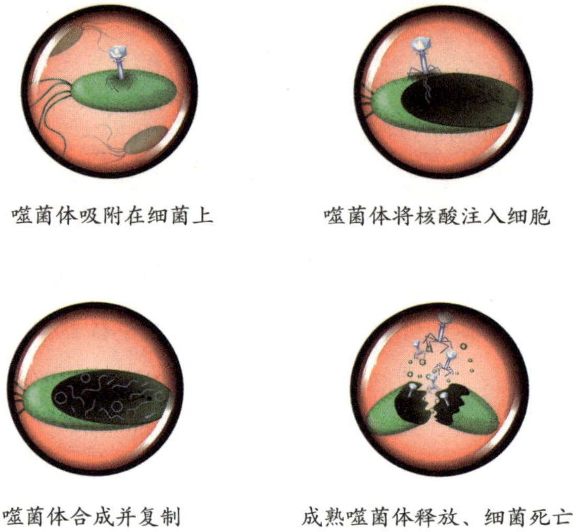

噬菌体的侵染过程

噬菌体有哪几种？

根据噬菌体和宿主菌的关系，可将噬菌体分为烈性噬菌体和溶原噬菌体。前者进入宿主体内迅速增殖促使细胞裂解，后者进入细菌体内并不会立刻行动，而是将其DNA整合至宿主染色体上进行传代，潜伏起来等待诱发的时机。

溶原噬菌体基因组中存在的溶原基因可以阻止噬菌体裂解，将噬菌体基因组整合至细菌基因组上，这是细菌的**溶原化**。细菌在被噬菌体感染并溶原化后，不会被同种噬菌体再次感染，这是超感染免疫性。经过若干世代后，溶原性细菌开始进入**溶菌**周期，即溶原性细菌的诱发，此时原噬菌体从宿主基因组分离进行增殖。

对于噬菌体的进攻，细菌毫无还手之力吗？

在漫长的共同进化过程中，面对数量庞大和种类多样的噬菌体，细菌、古菌等微生物为了抵抗外来入侵者的进攻，进化出了一系列复杂而精巧的抗噬菌体防御系统，又被称为“原核生物的免疫系统”，包括阻止噬菌体吸附的吸附抑制（adsorption inhibition）、修饰宿主基因组并降解未被修饰外源 DNA 的限制修饰系统（restriction modification system）、细菌的“适应免疫系统”CRISPR-Cas 系统、通过宿主菌自我死亡或代谢停滞而阻碍子代噬菌体释放的顿挫感染策略（abortive infection）等。人们基于细菌防御系统的研究，开发出了众多强大的分子生物学工具。细菌防御系统的研究，对于治疗多重耐药细菌感染的噬菌体疗法等临床应用研究也有非常重要的意义。

噬菌体是什么时候被发现的？

关于噬菌体的最初印象实际上也带有神秘的色彩。时光回溯至 1896 年，被誉为印度的圣河——恒河两岸暴发了罕见的霍乱疫情。然而，这次疫情并没有大范围蔓延，而是自行消失了。在好奇心的驱使下，英国细菌学家哈金（Ernest Hanbury Hankin）研究发现，印度人饮用的恒河水中含有某种具有抗菌活性的物质。尽管这种物质结构微小且热稳定性较差，但它能杀灭霍乱弧菌，从而限制了霍乱的迅速传播。

1915 年，英国细菌学家特温特（Frederick W. Twort）观察到一些微小物质在增殖过程中可以侵染并杀死葡萄球菌，推测其可能是病毒或者其他生物。1917 年，法裔加拿大微生物学家德赫雷尔（Félix d' Hérelle）也观察到了培养基上形成的肉眼可见的细菌斑，进一步确认吃掉志贺氏菌培养物的是一种寄生于细菌的病毒，将这类物质命名为“bacteriophage”，即噬菌体。

噬菌体疗法是什么时候开始应用于临床的？

发现噬菌体后不久，噬菌体治疗就诞生了。1919 年，发现者德赫雷尔用噬菌体制剂治好了四位重度痢疾患者，成为噬菌体疗法的先驱。1920 年，东欧及苏联使用噬菌体制剂来治疗包括痢疾、伤寒等在内的各种感染性疾病，均取得了较好的治疗效果。1921 年，布鲁诺格（Richard Bruynoghe）教授和梅辛（Joséph Maisin）教授率先用噬菌体制剂治疗葡萄球菌引起的皮肤感染。

噬菌体疗法似乎近些年才得到进一步发展，这中间发生了什么？

20 世纪 20~40 年代是噬菌体治疗的黄金时代，在苏联和东欧一些国家，尤其是格鲁吉亚、波兰，噬菌体治疗得到了极大的重视，研究范围涵盖人类健康、兽医、牙科及农业等领域。然而，好景不长，1928 年亚历山大 · 弗莱明发现了青霉素，并在 20 世纪 40 年代开始了商业生产，由于青霉素出色的杀菌和临床疗效，噬菌体治疗在当时并没有得到广泛普及，逐渐淡出了大众视野。

是什么契机使得噬菌体疗法重新得到重视？

当时，随着抗生素的广泛应用，噬菌体疗法基本被遗弃。但是，抗生素近 90 年的辉煌历史伴随着细菌的耐药史，如今在应对超级细菌上正遭遇“瓶颈”，抗生素的功效快速衰减。近年来，超级耐药菌频繁出现，为了避免回到前抗生素时代，噬菌体疗法再度被提及，并且在临床治疗中取得了一些显著的成果。

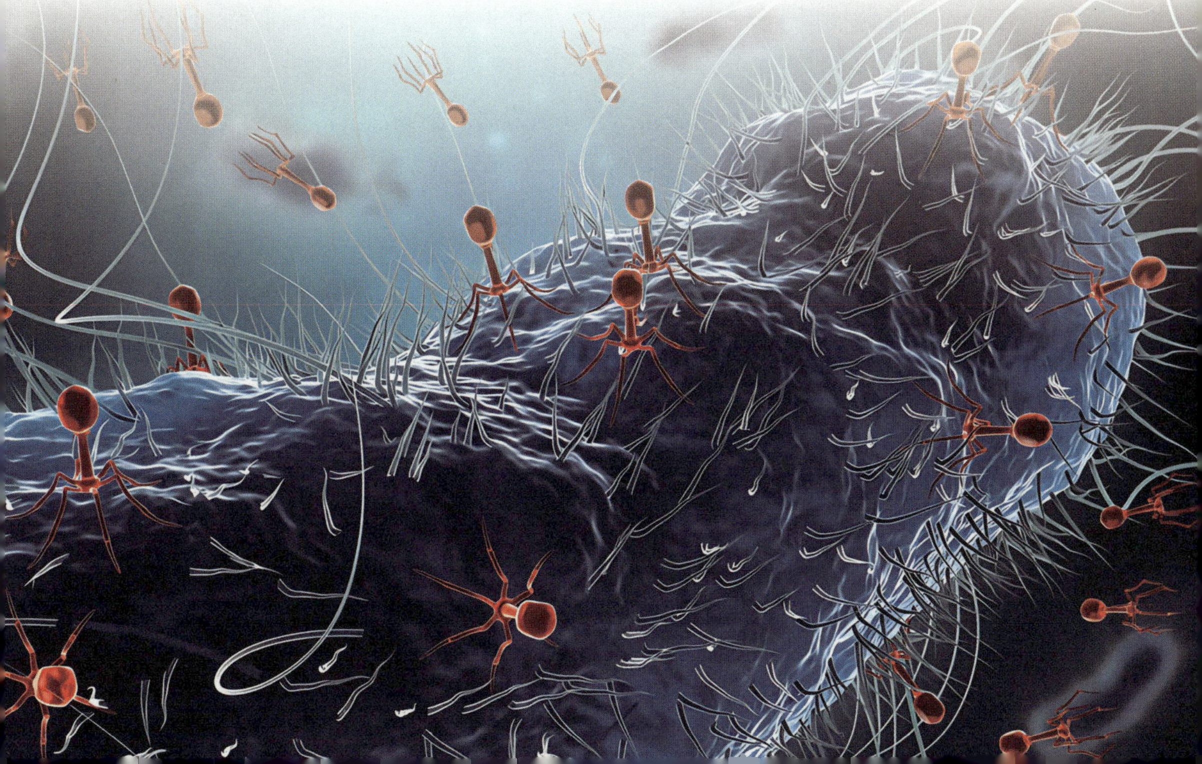

噬菌体适合治疗哪些疾病？

大量的临床试验报道了噬菌体治疗的有效性，涉及包括葡萄球菌、链球菌、大肠杆菌、奈瑟菌、假单胞菌、弧菌、分枝杆菌等引起的皮肤和黏膜的化脓性感染、上呼吸道感染、阴道炎、肺炎、痢疾、霍乱、耳乳突感染等。噬菌体的给药方式包括皮下注射、口服、局部及全身用药等。

噬菌体具体有哪些治愈的例子？

噬菌体被用于治疗感染性疾病，如皮肤感染、呼吸道感染等。通过使用噬菌体抗菌疗法，可以有效地杀灭耐药菌株，恢复患者的健康。如1958年，中国细菌学先驱余濆教授使用分离培养制成的噬菌体液成功治愈了“钢铁英雄”邱财康的绿脓杆菌感染。2016年，帕特森（Thomas Patterson）感染鲍曼不动杆菌后，在被批准注入噬菌体三周后重获新生。

2018年，上海市公共卫生临床中心朱同玉教授领衔的噬菌体研究团队成功治愈了一例肺炎克雷伯菌感染。患者沙老是一位膀胱肿瘤术后反复性尿路感染者，2014年全尿路内滋生了多重耐药的肺炎克雷伯菌，由于长时间感染超级细菌，尿频和尿痛折磨着他，令他痛不欲生。2018年1月，治疗团队开始尝试噬菌体疗法，前3轮噬菌体膀胱灌注治疗效果显著，但仍无法根除肺炎克雷伯菌。治疗团队最终确定了第4轮治疗方案：肾盂造瘘后通过造瘘管进行噬菌体冲洗合并抗生素静滴治疗一周，而后停抗生素并继续噬菌体治疗一周，最后全部停药并连续观察 1 个月。最终，沙老泌尿系统的超级细菌被彻底杀灭，尿路刺激症状显著改善。

2019 年，哈特福尔（Hatfull）团队通过基因改造噬菌体成功治愈了伊莎贝尔（Isabelle Carnell）双肺移植术后遭受的脓肿分枝杆菌感染。

2021 年，马迎飞课题组联合深圳市人民医院重症医学科陈怀生团队和深圳市呼吸疾病研究所黄维团队，成功治愈了一例多重耐药菌——鲍曼不动杆菌的肺部感染患者，通过采取抗生素和针对耐药鲍曼不动杆菌的专一性噬菌体联合雾化给药的方式，经过连续两个星期的治疗，成功清除了患者肺部感染的耐药鲍曼不动杆菌，经过 6 个月随访，患者未再复发。

连让人绝望的慢性感染，噬菌体疗法也给我们带来了惊喜。近年来，噬菌体疗法在治疗癌症、神经退行性疾病、痤疮等方面也开始崭露头角。噬菌体还具有应用于食品安全和环境治理等方面的潜力。在食品工业中，噬菌体可以用于控制食品中的致病菌，提高食品卫生安全；在环境治理中，噬菌体可以被用来降解细菌，净化环境。

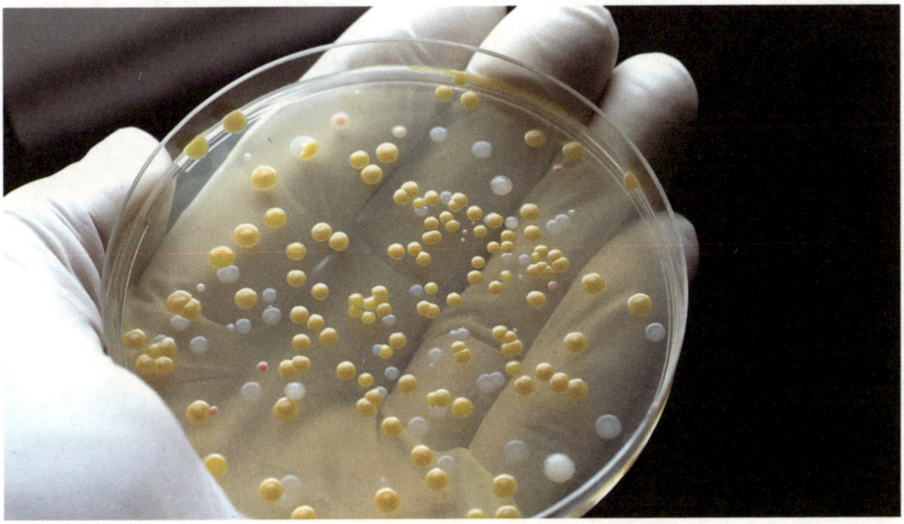

噬菌体疗法目前应用范围仍然比较有限，这是为什么？

虽然噬菌体用于控制耐药细菌的作用在临床、食品、饲料行业得到应用，但是噬菌体疗法进入各级医院、被公众医疗保障服务体系广泛接受，还面临一些挑战。用于临床治疗的噬菌体有着严格的筛选标准，至少要满足以下条件：噬菌体具备高效裂解能力和明确的宿主范围；不存在噬菌体基因组意外转移细菌 DNA 片段的风险；噬菌体不编码任何毒素、毒力因子或抗生素抗性基因；不会引起人体不良免疫反应等。

噬菌体疗法虽有优势，但也存在很多不足。首先，特异性限制造成抗菌谱狭窄（即一种噬菌体往往只能杀灭某株特定菌株），这意味着需要准确识别感染的细菌种类；其次，人体免疫系统可能对噬菌体病毒产生免疫反应，降低其疗效；再次，噬菌体的基因组中可能存在引起疾病的基因，这增加了潜在的安全风险。由于给药途径受限，生产高纯度、规模化的噬菌体病毒仍然是一个挑战。制备噬菌体病毒需要复杂的工艺，并且规模化生产存在困难，这限制了噬菌体疗法的推广和应用。目前，研究者正在研究利用“鸡尾酒制剂”（即混合多种不同抗菌谱的噬菌体）的方式拓展抗菌谱，通过基因工程改造噬菌体，以及和抗生素协同使用提高杀菌效果等，以期进一步优化噬菌体疗法。

未来，噬菌体能否与抗生素并驾齐驱甚至取代抗生素？

这个问题的答案还有待探索。作为一种有希望的治愈细菌感染的手段，噬菌体疗法未来可期。相比传统的抗生素疗法，噬菌体疗法还是具有突出的优势的：高度特异性（只精确定位和攻击引发感染的细菌）；高效性（噬菌体增殖能力强，能够迅速、有效地清除感染细菌）；多样性（自然环境中的噬菌体极其丰富）；低毒性和少耐药性；可个性化治疗（根据不同细菌的特点选择合适的噬菌体进行治疗）；具有宿主菌依赖性，随着宿主菌的清除而死亡，不会残留在体内。

噬菌体的发现者最终有没有获得诺贝尔奖？

噬菌体的诺贝尔奖之路可以追溯到20世纪初。德赫雷尔因发现噬菌体而多次被提名诺贝尔奖，但最终并未获奖。然而，噬菌体对遗传学和分子生物学研究及制药领域的贡献还是使它两度成为诺贝尔家族的座上宾。首次是由阿尔弗雷德·赫尔希（Alfred Hershey）和玛莎·蔡斯（Martha Chase）进行的“噬菌体侵染细菌实验”，这项研究直接证实了DNA才是生物真正的遗传物质，而非蛋白质，他们因此获得了1969年的诺贝尔生理学或医学奖。而在半个世纪后的2018年，美国密苏里大学的史密斯（George P. Smith）教授和英国MRC分子生物学实验室的温特（Gregory P. Winter）教授因他们在“肽和抗体的噬菌体展示技术（phage display）”方面的杰出贡献而荣获了诺贝尔化学奖。

第5节 链霉素：用“魔法”打败“魔法”

结核病被称为“白色瘟疫”，曾造成全球10多亿人死亡，19世纪的欧洲人却以感染它为荣。而击败了结核病的链霉素，则是另一个用魔法打败魔法的精彩故事。

结核病曾造成全球10多亿人死亡，一部分人却认为它“极富魅力”，这是为什么？

结核病被认为能呈现一种病态美。结核病患者会出现午后潮热的症状，两颊绯红，并且因为厌食和疾病的消耗显得身形瘦削、面色苍白，看起来容颜似雪。这种病在大文豪的笔下和年轻、热情、忧伤、才华等联系了起来。巧合的是，有许多伟大的艺术家，如波兰作曲家肖邦、英国诗人雪莱、中国作家萧红等都因为肺结核而过早去世。因此，人们曾经一度认为得了结核病的人极富魅力。19世纪的欧洲人以感染它为荣。浪漫主义诗人拜伦更是大放厥词：“如果要死，希望能死于这个浪漫的病。”因为如果这样，贵妇们就会围绕在他的床边对他说，“你垂死的样子真好看”。

结核病到底是一种什么样的病？

事实上，结核病（tuberculosis，又称 TB）是指结节和颗粒样的病变，这种病变在人体的各个器官都有可能发生，通常会造成肺部感染，也就是肺结核。大多数感染者没有症状，此型感染被称为潜伏结核感染。如果此时没有得到适当治疗，10% 的潜伏感染患者会恶化为开放性结核病，该病致死率高达 50%。19~20 世纪，结核病在全世界广泛流行，造成了 10 多亿人死亡。

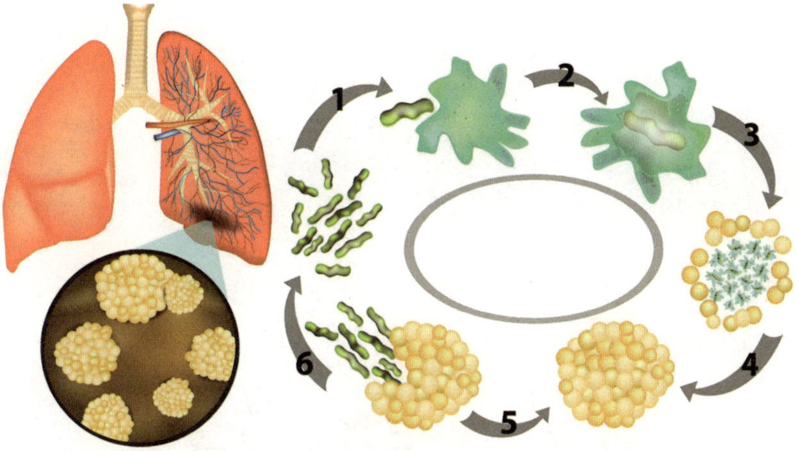

结核分枝杆菌浸染过程

人们是如何找到结核病的治疗方法的？

从与结核分枝杆菌相遇的那一刻起，人类在近千年的时光里一直在寻觅治病的良策。11~18 世纪，英、法两国的人们深信结核病人只要得到国王的触摸就能痊愈。1854 年，一位德国医生首次建立了结核病人疗养院。1882 年，德国科学家罗伯特·科赫（Robert Koch）发现了结核分枝杆菌。40 年后，阿尔伯特·卡尔梅特（Albert Calmette）医生与卡米尔·吉特林（Camille Guerin）医生研制出了卡介苗等抗结核药物。结核病曾经被有效地控制住了，而且人们一度认为结核病会像天花一样灭绝。但随着人口流动增大、诊疗手段不足、结核分枝杆菌耐药等情况的出现，结核病又卷土重来。直到 20 世纪 40 年代，美国土壤微生物学家、“土壤学教父”瓦克斯曼及他的学生萨兹从土壤中分离出了一种可以杀死结核分枝杆菌的物质——链霉素，才打破了结核病“无药可医”的局面。

什么是链霉素？

链霉素是第一个可用于治疗结核病的药物，也是继青霉素之后发现的第二个抗生素。

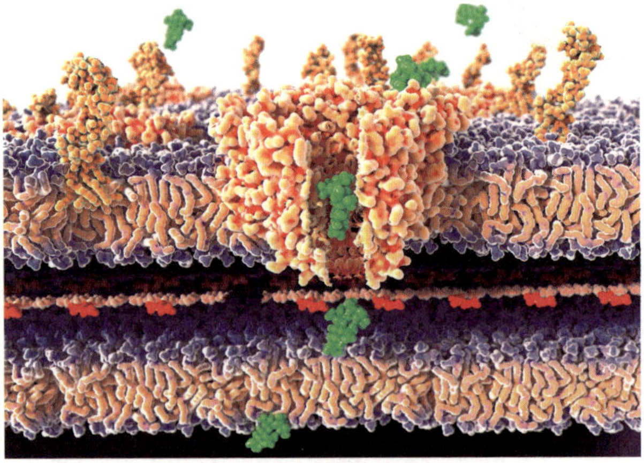

链霉菌分子通过细菌细胞壁

人们是怎么发现链霉素的？

1943 年 6 月，年仅 23 岁的萨兹（Schatz）因病提前退伍，来到罗格斯大学攻读博士学位。他的导师就是大名鼎鼎的土壤生物学家——瓦克斯曼（Waksman）。此前，瓦克斯曼制订了一个庞大且密集的研究计划：分离来自土壤和其他自然物质中的近一万种微生物，并系统地研究这些微生物的杀菌能力。

到了 1942 年，瓦克斯曼实验室分离出了放线菌素和链丝菌素。但这两种抗生素毒性太大，无法应用于临床。萨兹加入团队后，吃苦耐劳，甚至住在用地下室改装的实验室里，潜心分析从各地收集的土壤样本，筛选了几百种放线菌。

3 个多月后，也就是 1943 年的一天，奇迹终于发生了，编号为“18-16”与“D-1”的灰色链霉菌株周围出现空白。它不但能杀死葡萄球菌，而且对革兰氏阴性菌也有很强的杀伤力。瓦克斯曼将这种霉菌产生的抗生素命名为链霉素，并开始亲自研究。

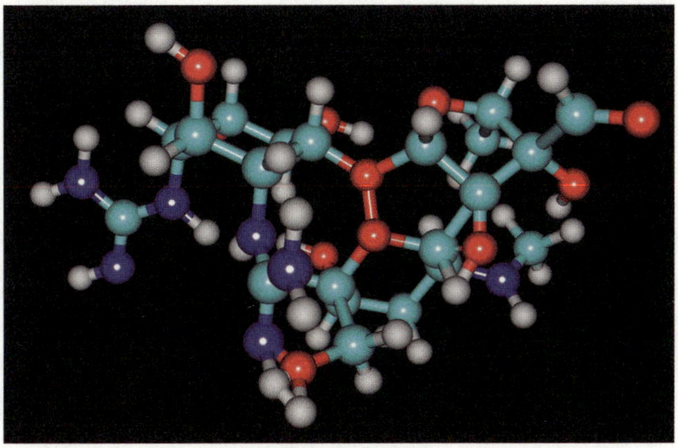

链霉素分子结构

从发现到应用于临床，这中间发生了什么？

瓦克斯曼的一些同事认为，结核分枝杆菌厚厚的蜡质荚膜会阻碍链霉素发挥作用，但瓦克斯曼坚持认为，既然营养物质与代谢废物能进出细胞，那么抗生素也能穿透荚膜。在耐心等待几个星期后，结果显现了：凡是加了链霉素的培养基，没有菌体出现，而对照组却长满了结核分枝杆菌。由此，瓦克斯曼证实了这种新的抗生素能够抑制结核分枝杆菌。为了研究链霉素对动物和人体的药效，萨兹更加忘我地工作，甚至一天在地下室工作 18 个小时。1944 年，他们首次使用链霉素完成人体试验。之后，链霉素在美国和英国进行大规模临床试验，在不到一年时间里，成功治愈了 34 位结核分枝杆菌感染者。

1946 年，瓦克斯曼与萨兹联合签署专利转让文件，以便更广泛地生产链霉素，拯救饱受结核病折磨的患者。人类战胜结核病的新纪元自此开始。1954 年，瓦克斯曼获得诺贝尔生理学或医学奖。

虽然瓦克斯曼最终获得了诺贝尔奖，但他的学生萨兹似乎也功不可没？

的确如此，正因为此，1946 年，萨兹在完成博士毕业答辩后不久，愤然离开了自己所在的罗格斯大学农学院，并一纸诉状把他的导师——世界知名的土壤微生物学家瓦克斯曼告上了法庭。萨兹要求瓦克斯曼承认自己是链霉素的合伙发明人，并获得部分专利收入。这场官司在当时震惊了整个科学界，毕竟人们从来没见过学生对享有国际声誉的导师提起诉讼。

到底谁是链霉素真正的发现者呢？

纵观链霉素发现的整个过程，瓦克斯曼教授自1939年把研究重点转移到从放线菌中寻找抗结核抗生素上来，到1944年的临床试验成功，实验室已经开发出一系列测试方法，这才极大地促进了链霉素的发现。萨兹进入瓦克斯曼教授实验室不长时间就发现了链霉素，这有赖于导师实验室已完成的近万种微生物筛选的经验积累，但也与萨兹的博士研究工作分不开。

最终这场官司谁胜诉了？

案件最终以庭外和解的方式结束。罗格斯大学发布声明，承认萨兹是链霉素的共同发现者。根据和解协议，萨兹获得12万美元的外国专利收入和3%的专利收入（每年大约1.5万美元），瓦克斯曼获得10%的专利收入，另有7%的专利收入由参与链霉素早期研发工作的其他人分享。之后萨兹也赢得了“法律和科学意义上链霉素共同发现者”的地位。但从此，学术圈不再接受他，诺贝尔奖的得主依然是瓦克斯曼教授，也极少有人承认萨兹应该共享该项荣誉。围绕着萨兹博士与瓦克斯曼教授对链霉素的贡献之争直到21世纪还在继续，也引发了人们对科研工作中成果归属权的讨论。

链霉素的发现是多个学科门类的许多科学家的智慧和艰辛劳动的结晶。科学研究不仅需要科学家们的坚忍、创新、探索，也需要合作与共赢。但不论结论如何，身处其中的科学家们研究出了造福于人类的有价值的成果，都是值得钦佩和赞颂的。

名词解释

CRISPR-Cas9 基因编辑技术：继 ZFN、TALENs 等基因编辑技术后的第三代基因编辑技术，是现有基因编辑和基因修饰里面效率最高、最简便、成本最低、最容易上手的技术之一，是当今最主流的基因编辑系统。

GC 含量：在 DNA 四种碱基中，鸟嘌呤（G）和胞嘧啶（C）所占的比例之和。

P3 安全实验室：生物安全三级水平实验室，主要应用于临床、诊断、教学、研究或者生产，专门用于研究高毒力、致病性强的病原体，如炭疽芽孢杆菌、鼠疫耶尔森菌、结核分枝杆菌、狂犬病毒等。

氨氧化细菌：将氨氧化为亚硝酸的细菌。

操纵子：原核生物中由启动子、结构基因、调控元件组成的一个完整转录功能单位。

查士丁尼瘟疫：公元 541—542 年地中海世界暴发的第一次大规模鼠疫，据推算死亡率为 45%~75%。

地方性梅毒：由梅毒螺旋体引起的地方流行性疾病。主要通过黏膜接触被病原体污染的餐具、饮料杯或毡制品等而被传染。

地仗：一种中国传统土木工程技法，即在木质结构上覆盖一层衬底，以防腐防潮。为了美观，其上通常做油饰彩绘。

发酵剂：制作发酵食品时向原料中添加的特定细菌或其他微生物的培养物。

呋喃：含有 1 个氧原子和 2 个环内共轭双键，并具有类似于苯环的 6 个 π 电子大共轭体系的五元芳香性杂环。

腐生菌：营腐生生活（靠动物尸体和腐败物质的有机质为生）的微生物，包含细菌和真菌。

古菌：过去也叫古细菌、古生菌，是一类单细胞原核微生物，广泛分布在不同生态环境中，尤其在各种极端环境中占据主要生态位。古菌与细菌有许多相似之处，如细胞形态、基因结构等，但在 DNA 复制、重组、转录等方面更接近真核生物，是与细菌和真核生物并列的第三域生命形式。

阔口罐病毒：是一种感染变形虫的巨型病毒，是迄今为止发现的最大的病毒，包含西伯利亚阔口罐病毒（*Pithovirus sibericum*）和马赛阔口罐病毒（*Pithovirus massiliensis*）两个物种。

冷适应蛋白：生物体在受寒冷刺激后过量表达的一系列蛋白质，能保护细胞免受低温伤害。

冷休克蛋白：生物为了适应低温条件，细胞诱导合成的一类蛋白质，能够帮助生物抵抗低温，有利于生物的生存。

裂解：某些病毒感染细胞后所导致的细胞破裂。

内吞作用：通过质膜的变形运动将细胞外物质转运入细胞内的过程。

内转录间隔区：两个基因间能够被转录、通过转录后加工去除的序列。

品他病：由品他密螺旋体所致的慢性皮肤感染性疾病。临床上以皮肤鳞状丘疹、可变性色素沉着及角化过度为特征。

全程硝化菌：同时拥有氨氧化功能和亚硝酸氧化功能的微生物，它通过亚硝酸盐把氨氧化成硝酸盐。

热应力：温度改变时，物体由于外在约束及内部各部分之间的相互约束，不能完全自由胀缩而产生的应力。

溶菌：破坏细胞壁使细胞裂解、内容物释放的过程。

溶原化：噬菌体的基因组与被感染的细菌基因组整合，或以质粒形式随细菌繁殖而复制，但不产生病毒颗粒、不裂解细菌的现象。

上清液：发酵液经离心后的上层澄清液体。

社区获得性感染：在社区内获得的感染，与医院感染相对，表明感染过程发生在医院外。

生物质发电：利用生物质资源进行发电的技术。

透明圈：在固体培养基中混入溶解性差、可被特定菌利用的营养成分，形成浑浊不透明的培养基背景。微生物利用培养基中的成分进行生长，就会在菌落周围形成透明的圆圈。其大小反映了微生物利用培养基成分的能力，常作为初筛的快速方法。

微管：由微管蛋白装配而成的中空管状结构，是细胞骨架的结构成分之一。

细胞区室化：由生物膜把细胞内的空间分隔，形成各种细胞器，使其空间相对独立，功能更加专一。

系统发育分析: 是DNA研究中重要的分析手段，通过DNA序列间的差异计算出距离，并由此构建分子进化树，推断群体的扩张模式、历史动态，推算群体起源、分歧的大致时间及群体的进化速率、基因混合程度，甄别古DNA序列等，并给出统计学上的量化结果。

信号转导: 细胞对来自外环境的各种刺激（如物理性的声、光，化学性的分子、离子或生物性的激素、神经递质、生长因子等）产生应答，并通过细胞表面的受体和细胞内受体传递这种刺激从而引起细胞一系列反应的过程。

雅司病: 由梅毒螺旋体极细亚种所致的接触性皮肤感染病。临床特征为杨梅样皮肤损害，表现为柔软而无浸润的皮疹，晚期可致皮肤及骨骼的破坏而毁容。

应力: 在外因（如力、温度、湿度等）作用下，介质形变并产生抗衡外因的内部反作用力。